Christopher Braun

Das *Kitāb Sidrat al-muntahā* des Pseudo-Ibn Waḥšīya

ISLAMKUNDLICHE UNTERSUCHUNGEN • BAND 327

begründet
von Klaus Schwarz

herausgegeben
von Gerd Winkelhane

ISLAMKUNDLICHE UNTERSUCHUNGEN • BAND 327

Christopher Braun

Das *Kitāb Sidrat al-muntahā* des Pseudo-Ibn Waḥšīya

Einleitung, Edition und Übersetzung eines hermetisch-allegorischen Traktats zur Alchemie

KS

KLAUS SCHWARZ VERLAG • BERLIN

Bibliographic information published by the Deutsche Nationalbibliohek
Die Deutsche Nationalbibliothek verzeichnet diese Publikation in der Deutschen Nationalbibliografie; detaillierte bibliografische Daten sind im Internet über *http://dnb.dnb.de* abrufbar.

www.klaus-schwarz-verlag.com

Erstausgabe
1. Auflage
Herstellung: J2P Berlin
Gedruckt auf chlorfrei gebleichtem Papier
Printed in Germany
ISBN 978-3-87997-449-8

für meinen Vater

Inhalt

Vorwort 9
Anmerkung zu Umschrift und Datierung 11

1. Einleitung 13

2. Das *Kitāb Sidrat al-muntahā* 20
2.1. Der Titel des Traktats 20
2.2. Die Zuschreibung an Ibn Waḥšīya 20
2.3. Die Erwähnungen des Werks in der Literatur 24
2.4. Zur Datierung 27
2.5. Struktur des Traktats 27
2.6. Inhaltsübersicht 28
2.6.1. Die Eingangsrede des Ibn Waḥšīya [1v–2v] 28
2.6.2. Die Begegnung mit al-Maġribī al-Qamarī [2v] 31
2.6.3. Die Ähnlichkeit der Alchemie mit den Religionen [2v–4v] 32
2.6.4. Beginn des Dialogs zwischen Ibn Waḥšīya und al-Maġribī [4v] 34
2.6.5. Über den Ursprung der Alchemie [4v–6r] 35
2.6.6. Die Fundlegende [6r–7r] 36
2.6.7. Der Inhalt der Tafel des Hermes [7r–16v] 39
2.6.7.1. Die Entstehung der Welt [7r–10r] 39
2.6.7.2. Der Wettstreit zwischen Seele und Verstand [10v–11v] 41
2.6.7.3. Das Vorhandensein des Elixiers im Menschen [11v–13r] 42
2.6.7.4. Die Goldherstellung [13v–14v] 43
2.6.7.5. Die Bedeutsamkeit alchemistischen Wissens [14v–16v] 44
2.6.8. Rückgabe des Buches [16v–17r] 45
2.6.9. Abschließende Diskussion über den Buchinhalt [17r–21v] 46
2.6.10. Das Ende des Traktats [21v–22r] 48
2.7. Schlussbemerkung 48

3. Zur Edition und Übersetzung 52
3.1. Die Geschichte der Handschrift 52
3.2. Beschreibung der Handschrift 53

3.3. Orthographische und grammatikalische Besonderheiten.........54
3.4. Editionsprinzipien und verwendete Siglen.................................55
Facsimiles [1v + 22r]..57

4. Der arabische Text...59

5. Die deutsche Übersetzung 95

6. Literaturverzeichnis..139
Index..151

Vorwort

Jedes Jahrhundert hat die Tendenz, sich als das fortgeschrittene zu betrachten und alle andern nur nach seiner Idee abzumessen.
Leopold von Ranke (1795–1886)

Die Alchemie wird häufig als eine von Irrlehren geleitete Vorläuferin der modernen Chemie betrachtet, durch deren Erforschung geringer Erkenntnisgewinn erlangt würde. So wurde in den letzten Jahrzehnten den noch überwiegend in handschriftlicher Form vorliegenden arabisch-alchemistischen Texten von Seiten der Forschung wenig Aufmerksamkeit zuteil. Dies ist im Hinblick auf die literarische Qualität dieser Texte und ihres Stellenwerts für die Rezeptionsgeschichte griechischer und spätantiker Philosophie in der islamischen Welt sowie deren Vermittlung in den lateinischen Westen ein offenkundiges Versäumnis. Die Edition und Übersetzung des bisher unbeachteten alchemistischen Traktats *Kitāb Sidrat al-muntahā*, das „Buch des Zizyphusbaums am äußersten Ende", möchte diesem Versäumnis entgegentreten und sowohl Forscherinnen und Forschern der Arabistik wie auch anderer Fachdisziplinen den Zugang zu einem überaus eindrucksvollen Beispiel esoterisch-allegorischer Alchemie ermöglichen.

Diese Arbeit ist angesichts der Länge des Manuskripts und der Schwierigkeiten, die bei der Analyse okkulter Texte auftreten, nicht im Alleingang entstanden. Besonders herzlich bedanken möchte ich mich bei Frau Prof. Dr. Regula Forster (Freie Universität Berlin), die nicht nur die Anregung zu diesem Projekt lieferte, sondern mir darüber hinaus durch ihre intensive Betreuung und ihre profunden Kenntnisse der alchemistischen Literatur bei der Transkription und Übersetzung des Traktats behilflich war. Sie hat zudem die Drucklegung dieses Werkes ermöglicht.

Dank gebührt auch Frau PD Dr. Isabel Toral-Niehoff (Freie Universität Berlin / Georg-August-Universität Göttingen), die diese Arbeit als Zweitgutachterin betreute und der ich nicht zuletzt die Liebe zu den Geheimwissenschaften verdanke, und Herrn Batris Amer (Berlin), ohne dessen Hilfe mir viele Textpassagen unverständlich geblieben wären. Überdies möchte ich mich bei Herrn Dr. Gerald Grobbel (Universität Zürich) bedanken, der mir bei der Entschlüsselung der kaum lesbaren Zeilen des Kolophons behilflich war, und bei Frau Claudia Päffgen (Freie Universität Berlin), die mit bemerkenswertem Scharfblick diese Arbeit Korrektur gelesen hat. Sollte die Arbeit an einigen Stellen Unzulänglichkeiten aufweisen, so trage ich für diese allein die Verantwortung. Meinem Vater möchte ich an dieser Stelle noch einmal meinen Dank aussprechen, da ohne seine Fürsorge und Unterstützung mir das Anfertigen dieser Arbeit nicht möglich gewesen wäre.

London, im Mai 2015

Christopher Braun

Anmerkung zu Umschrift und Datierung

Die wissenschaftliche Umschrift

Die Umschrift erfolgt gemäß den Richtlinien, die der 19. internationale Orientalistenkongress 1931 in Rom verabschiedet hat.[1] Aus Gründen der besseren Lesbarkeit und des vereinfachten Schriftbilds habe ich mich für folgende Ausnahmen entschieden:

- Die Partikel *wa-* wird grundsätzlich durch einen Bindestrich von dem ihm folgenden Wort bzw. Artikel getrennt. So schreibe ich *wa-l-funūn* und nicht *wal-funūn*.
- Arabische Eigennamen werden ebenfalls getrennt geschrieben, also Taqī ad-Dīn und nicht Taqīaddīn.
- Das *alif al-waṣl* wird durch ein Leerzeichen, nicht durch einen Apostroph gekennzeichnet. So schreibe ich Abū l-Qāsim, anstatt Abū'l-Qāsim.

Die Datierung

Die Sterbedaten der vormodernen arabischen Autoren werden gemäß der muslimischen *hiǧra*-Zeitrechnung und der Datierung des gregorianischen Kalenders angegeben. Für die Lebensdaten moderner Wissenschaftler als auch historische Ereignisse, die außerhalb der islamischen Welt bzw. vor der Entstehung des Islams stattfanden, wird lediglich die gregorianische Zeitrechnung verwendet.

---

1 Brockelmann [u. a.]: *Denkschrift.*

1. Einleitung

In der vormodernen islamischen Gesellschaft war die Alchemie eine florierende Geheimwissenschaft. Zahlreiche Adepten widmeten sich dieser „Kunst der Goldherstellung“ und hinterließen ein außergewöhnliches und umfangreiches literarisches Erbe, das bisher nur zu einem sehr geringen Teil erschlossen ist. Eine Übersicht über die Fülle an unbearbeitetem Quellenmaterial bieten die Anfang der 1970er Jahre erschienenen bibliographischen Aufstellungen zur arabischen Alchemie, Manfred Ullmanns *Natur- und Geheimwissenschaften im Islam* und Fuat Sezgins vierter Band der *Geschichte des arabischen Schrifttums.* Zwar verzeichneten beide den größten Teil der damals bekannten Handschriften zu dieser Geheimwissenschaft, manch alchemistisches Werk ist jedoch in diesen Aufstellungen unerwähnt geblieben. Um solch ein Werk handelt es sich bei dem hier zum ersten Mal in Form einer Edition und deutschen Übersetzung vorgelegten hermetisch-allegorischen Traktat zur Alchemie mit dem Titel *Kitāb Sidrat al-muntahā* („Buch des Zizyphusbaums am äußersten Ende“). Dieser Traktat ist zwischen dem 4./10. und 9./15. Jahrhundert in Ägypten entstanden und wird Ibn Waḥšīya (fl. 3.–4./9.–10. Jahrhundert) zugeschrieben, einer bekannten, wenn auch historisch nicht fassbaren Persönlichkeit in den arabischen Geheimwissenschaften.

Das Werk wurde in der Form eines Dialogs zwischen dem angeblichen Autor, Ibn Waḥšīya, und einem unbekannten Alchemisten namens al-Maġribī al-Qamarī verfasst. Im Verlauf dieses Dialogs berichtet dieser Alchemist über die Auffindung eines Buches in Memphis, der einstigen Hauptstadt des pharaonischen Ägyptens. Es soll sich bei dieser Schrift um die Tafel des Hermes (*lauḥ Hirmis*) handeln, d. h. der synkretistischen Gestalt des Hermes Trismegistos, dem Archegeten der arabischen Alchemie, Astrologie und weiterer Geheimwissenschaften. Al-Maġribī al-Qamarī erwähnt, dass er von seinem Scheich eine Übersetzung dieses Buches erhalten habe und händigt diese Ibn Waḥšīya aus. Es folgt die Wiedergabe des Inhalts dieser Übersetzung. Der Traktat endet mit einem abschließenden Gespräch zwischen Ibn Waḥšīya und al-Maġribī al-Qamarī über die teils dunklen Aussagen der in dieser Übersetzung präsentierten allegorischen Einweisung in die Alchemie.

Das Werk ist folglich einem hermetisch-ägyptischen Milieu zuzuordnen. Wie kam es zur Beschäftigung mit der Alchemie im islamischen Ägypten und zur Herausbildung einer solchen Literatur? Das Interesse an der „Wissenschaft von der Goldherstellung" in der vormodernen islamischen Gesellschaft geht zurück auf die etwa ab dem 2./8. Jahrhundert einsetzende Rezeption der griechisch-hellenistischen Alchemie. Diese ist nach unseren heutigen Kenntnissen im ersten Jahrhundert n. Chr. in Ägypten entstanden.[2] Das Land stand zu jener Zeit unter römischer Herrschaft und war noch weitestgehend vom Hellenismus beeinflusst.

Der Ursprung der Alchemie lässt sich aller Wahrscheinlichkeit nach auf handwerkliche Praktiken der Imitation von Gold und edlen Metallen zurückführen, die in den ägyptischen Tempelwerkstätten ausgeübt wurden.[3] Zwei Papyri, die um 1830 in einem Gräberfeld bei Theben in Oberägypten gefunden wurden, legen noch Zeugnis über diese frühen chemischen Verfahren ab.[4] Sie stammen aus dem späten 3. oder frühen 4. Jahrhundert n. Chr., tradieren aber teilweise weit älteres Wissensgut.[5] Den auf Griechisch verfassten Rezepten fehlt noch der für die Alchemie typische theoretische Unterbau. Erst die Verbindung solcher Praktiken

2 Die Bezeichnung Alchemie besteht aus dem arabischen Artikel *al-* und einem Wort, dessen etymologischer Ursprung noch im Dunkeln liegt. Manfred Ullmann führt das Wort auf gr. χυμεία bzw. χημεία zurück, die Kunst des Goldgießens oder der Goldlegierung. Siehe Ullmann: „al-Kīmiyāʾ" 110a u. idem: *Natur- und Geheimwissenschaften* 148. Siehe auch die Diskussion bei Vereno: *Studien* 39–45. Die arabischen Autoren nahmen einen persischen, hebräischen oder griechischen Ursprung des Wortes an. Siehe *WKAS* s. v. كيمياء.

3 Zur Entwicklung der griechischen Alchemie siehe Taylor: „Origins of Greek Alchemy" and Lindsay: *Origins*.

4 Den Papyrus Holmiensis hat Otto Lagercrantz übersetzt und kommentiert, siehe Lagercrantz: *Papyrus Graecus Holmiensis*. Für den Papyrus Leidensis X siehe Berthelot: *Collection* I 28–51. Eine neue Edition und Übersetzung der beiden Papyri bietet Halleux: *Papyrus* 84–151.

5 Von Lippmann: *Entstehung* I 275–82. Vgl. auch Schütt: *Geschichte der Alchemie* 31–4.

mit den Theorien der griechischen Naturphilosophie verhalf der Alchemie zu ihrem Durchbruch. Neben der aristotelischen und stoischen Materietheorie übten zudem die Gnosis, der Hermetismus, die babylonische Astrologie und die ägyptische Mythologie Einfluss auf die weitere Entwicklung der Alchemie aus.[6] Die in griechischer Sprache verfassten alchemistischen Schriften sind nur zum Teil erhalten. Sie wurden von byzantinischen Gelehrten im 10. Jahrhundert n. Chr. gesammelt und zusammengestellt. Diese Sammlung besteht überwiegend aus unzusammenhängenden Fragmenten, deren Überlieferungsgeschichte schwer zu ermitteln ist und die zahlreiche Interpolationen und verderbte Stellen aufweisen.[7] Charakteristisch für die zwischen dem 1. und 3. Jahrhundert n. Chr. entstandenen griechischen Traktate ist die Zuschreibung der Schriften an jüdisch-christliche Figuren (Salomon, Moses, Maria), Autoritäten der Hermetik (Hermes, Thot, Agathodaimon), griechische Philosophen (Sokrates, Demokrit) oder persische Weisen (Zarathustra, Ostanes).[8] Dieses Phänomen der Pseudepigraphie bei den frühesten alchemistischen Traktaten geht einher mit der zu jener Zeit gängigen Praxis der Produktion von apokryphen Schriften und Evangelien.[9] Die erste historisch fassbare Gestalt ist Zosimos von Panopolis (fl. ca. 300 n. Chr.). Seine Schriften zeigen den großen Kenntnisreichtum an Substanzen und Apparaturen zu jener Zeit. Die Werke dieses hellenistischen Alchemisten wurden auch in der arabisch-islamischen Welt rezipiert. Nicht alle Traktate, die ihm zugeschrieben werden, basieren jedoch auf griechischen Vorlagen.[10]

6 Schütt: *Geschichte der Alchemie* 15 u. Ullmann: „al-Kīmiyāʾ" 110b. Der mystische Aspekt der Alchemie ist für Ingolf Vereno ein maßgebliches Charakteristikum des alchemistischen Schrifttums. Vgl. Vereno: *Studien* 8 f.

7 Ullmann: *Natur- und Geheimwissenschaften* 147.

8 Ullmann: *Natur- und Geheimwissenschaften* 146 f.; Vereno: *Studien* 18. Ein Versuch ihrer Datierung unternahm der britische Wissenschaftshistoriker Frank Sherwood Taylor (1897–1956). Siehe Taylor: „Origins of Greek alchemy".

9 Siehe Berthelot: *Origines* 28.

10 Die arabische Rezeption des Zosimus von Panopolis hat Bink Hallum in seiner bisher unveröffentlichten Dissertation untersucht. Siehe Hallum: „Zosimus Arabus".

In der Tat setzt die arabische Alchemie mit Übersetzungen griechischer Traktate ins Arabische ein. Es erscheint durchaus möglich, dass syrische Zwischenübersetzungen die Grundlage für einige Werke bildeten.[11] Die Umstände und der Beginn dieser Übersetzungsbewegung liegen jedoch noch völlig im Dunkeln. Es ist anzunehmen, dass einige Zeit nach der islamischen Eroberung Ägyptens zwischen 18/639 und 21/642 das Interesse an der dort praktizierten Alchemie bei arabischsprachigen Gelehrten geweckt wurde. Neben den ägyptischen Städten, und hier sei insbesondere Alexandria erwähnt, war wahrscheinlich auch Ḥarrān in Nordmesopotamien ein Zentrum alchemistischer Gelehrsamkeit.[12] Die Übersetzung der griechischen Traktate geschah allerdings nicht so unmittelbar, wie die Legende um den Umayyaden-Prinzen Ḫālid b. Yazīd (gest. 85/704) glauben machen möchte. Der Bagdader Buchhändler Ibn an-Nadīm berichtet in seinem im Jahr 377/987 verfassten *Fihrist*, dass der an Alchemie interessierte Prinz Übersetzungen griechischer und koptischer Werke über Alchemie, Medizin und Astronomie in Auftrag geben ließ. Diese seien die ersten Übersetzungen aus einer fremden Sprache ins Arabische gewesen.[13] In Wirklichkeit wurden die ersten Übersetzungen aller Wahrscheinlichkeit nach zwischen dem 2./8. und 4./10. Jahrhundert angefertigt.[14] Die Aneignung des hellenistischen Er-

11 Zur Entwicklung der arabischen Alchemie siehe Ullmann: *Natur- und Geheimwissenschaften* 148–52. Zur syrischen Alchemie sind bisher noch relativ wenige Untersuchungen erschienen. Eine erste Übersicht bot Rubens Duval in Berthelot: *La chimie au Moyen Âge* II. Insbesondere der italienische Alchemie-Historiker Matteo Martelli hat durch seine Arbeiten interessante Einblicke in diese Tradition alchemistischer Beschäftigung geliefert. Siehe u. a. Martelli: *Pseudo-Democrito.*

12 Zu alchemistischen Praktiken in Ḥarrān siehe Green: *City of the Moon God* 162–90. Texte zur Alchemie aus Ḥarrān hat Henry Ernest Stapleton (1878–1962) untersucht, siehe idem: „Antiquity of Alchemy" 22–33.

13 Ibn an-Nadīm: *Fihrist* 242/Übers. Dodge II 581. Den legendenhaften Charakter dieser Erzählung hatte bereits der deutsche Historiker und Orientalist Julius Ruska (1867–1949) erkannt. Siehe Ruska: *Tabula Smaragdina* 48 f. Manfred Ullmann hat die Entstehung dieses Mythos nachgezeichnet. Siehe Ullmann: „Ḫālid b. Yazīd". Fuat Sezgin hingegen hält an der Authentizität dieses Berichtes fest. Vgl. Sezgin: *GAS* IV 120–6.

14 Ullmann: *Natur- und Geheimwissenschaften* 152. Fuat Sezgin geht davon aus, dass das erste ins Arabische übersetzte alchemistische Buch ein Werk

bes erfolgte jedoch selten durch direkte Übersetzungen, sondern meistens durch Paraphrasierungen, Kommentare oder „œuvres de tendance hellénisante“,[15] die von griechischen Werken lediglich inspiriert waren. So erklären sich die zahlreichen arabisch-alchemistischen Pseudepigrapha, die griechischen Philosophen und Alchemisten wie dem zuvor genannten Zosimus von Panopolis zugeschrieben wurden, denen aber nur sehr selten eine ursprüngliche griechische Schrift zugrunde lag.[16]

Eine Schlüsselrolle bei der Bewahrung alchemistischer Lehre kam den ägyptischen Kopten zu, die in den Schulen und Klöstern alexandrinische Bildung und Gelehrsamkeit weiterführten.[17] Es ist anzunehmen, dass die Gelehrten und Mönche, die sowohl die griechische wie auch die arabische Sprache beherrschten, ihre Schriften nach und nach ins Arabische übersetzten bzw. sie direkt auf Arabisch verfassten.[18] Bereits Julius Ruska sah in den Kopten die Wegbereiter für den späteren Siegeszug der arabischen Alchemie im nun unter islamischer Herrschaft stehenden Ägypten:

> In diesen koptischen, mit der Überlieferung des Landes verwachsenen, griechisch gebildeten Kreisen wird man die Bewahrer und Fortbilder der alchemistischen Literatur suchen müssen, die bei den Byzantinern nach 640 wie abgebrochen scheint, bei den Arabern aber in Ägypten auf

des Zosimos gewesen sei, das nach Angabe der Rāmpūrer Handschrift im Jahre 659 n. Chr. ins Arabische übertragen wurde. Siehe Sezgin: *GAS* IV 14 f. Manfred Ullmann hat sich gegen diese These ausgesprochen. Siehe Ullmann: *Natur- und Geheimwissenschaften* 152 f.

15 Rudolph: „La connaissance des Présocratiques“ 157.

16 Vgl. Ullmann: *Natur- und Geheimwissenschaften* 151.

17 Julius Ruska, der sich als einer der ersten um die Erforschung der arabischen Alchemie verdient gemacht hat, sah zudem in den sassanidischen Schulen wichtige Zentren der Vermittlung. Siehe Ruska: *Tabula Smaragdina* 168 u. idem: „Chemie in ʿIrāq und Persien“ 283. Die Annahme von einer Schule in Gondēšāpūr zumindest hat sich jüngst als Mythos erwiesen. Siehe Pormann/Savage-Smith: *Medieval Islamic Medicine* 20 f.

18 Siehe Kunitzsch: „Problematik und Interpretation“ 119. Michael Cook hingegen vertritt die Ansicht, dass die islamische Eroberung einen regelrechten Bruch mit der eigenen ägyptischen Vergangenheit verursachte. Siehe Cook: „Pharaonic History“ 100 f.

> zweifellos griechischer Grundlage in mancherlei Formen wieder in Erscheinung tritt.[19]

Womöglich spiegeln die zahlreichen Berichte über hieroglyphenkundige Mönche in den arabischen Chroniken und Traktaten die einstige Bedeutung der Kopten in der Übermittlung altägyptischer bzw. hellenistischer Lehren und Weisheiten wider. Der aus dem Umkreis Denderas in Oberägypten stammende Autor Abū Ǧaʿfar al-Idrīsī (gest. 649/1251) zum Beispiel berichtet in seinem Pyramidentraktat von einem Buch, das in Gizeh in der Nähe der Pyramiden gefunden und in der „ersten Sprache der Ägypter" (*al-qibṭīya al-ūlā*) verfasst worden sei.[20] Man brachte es einem Mönch im Kloster Qalmūn in der Oase Fayyūm, der diese Sprache beherrschte.[21] Obwohl solche Erzählungen im Bereich des Fantastischen zu verorten sind, zeugen sie dennoch von der weitverbreiteten Annahme, dass die koptische Bevölkerung des mittelalterlichen Ägyptens Bewahrerin des vorislamischen, antiken Gedankenguts sei. Aufgrund ihrer direkten Abstammung von den vorislamischen Ägyptern wäre sie in der Lage, eine Verbindung zu der heidnischen und fremden, jedoch durch die pharaonischen und ptolemäischen Bauwerke jederzeit omnipräsenten Wissenstradition des Alten Ägyptens herzustellen. Dies ist nicht ganz von der Hand zu weisen. Zwar versiegte die Kenntnis der Hieroglyphenschrift mit der fortschreitenden Christianisierung des Landes zwischen dem 3. und 4. Jahrhundert n. Chr. und die Hypothese sogenannter „survivals", d. h. einzelner altägyptischer Traditionen, die im islamischen Mittelalter bis in die Moderne fortlebten, wird nach anfänglicher Begeisterung von der Forschung nun eher kritisch betrachtet.[22] Das hellenis-

---

19 Ruska: *Tabula Smaragdina* 49.

20 Das Adjektiv *qibṭī* ist abgeleitet von dem griechischen Wort für Ägypten, Αἴγυπτος. Siehe Atiya: „Ḳibṭ" 90a. Die arabischen Autoren bezeichneten damit sowohl die alten Ägypter der vorislamischen Zeit als auch deren zum Christentum übergetretenen Nachfahren, welche die arabischen Eroberer zu Beginn des 1./7. Jahrhunderts in Ägypten antrafen.

21 Al-Idrīsī: *Anwār* 100.

22 Für einen noch recht unkritischen Zugang zur angeblichen Kontinuität altägyptischer Traditionen im islamischen Ägypten siehe das 1929 erschienene Buch von Mohammed Ghallab: *Survivances*. Einen ähnlich fragwürdigen Ansatz verfolgt der Ägyptologe Okasha El-Daly, der in den arabischen

tische Erbe jedoch, darunter auch die griechische Alchemie, wurde durchaus von den Kopten rezipiert. Der Koptologe Tonio Sebastian Richter konnte zum Beispiel in einigen erhaltenen koptischen alchemistischen Schriften den Einfluss griechischer und arabischer Werke feststellen.[23] Das Koptische, die letzte Sprachstufe der altägyptischen Sprache, bestand noch einige Jahrhunderte nach der Einführung des Arabischen fort. So war die Sprache der eroberten Bevölkerung Ägyptens noch im 4./10. Jahrhundert eine lebendige Kult- und Kultursprache. Letztlich aber obsiegte das Arabische, und das Koptische wurde nach und nach verdrängt. Durch eine rege Übersetzungstätigkeit und insbesondere durch die Aufgabe der koptischen Sprache zugunsten des Arabischen wurde hellenistisches, aber auch indigen koptisches Gedankengut auf Arabisch zugänglich gemacht.[24] Die Bedeutung koptischer Gelehrter, Schreiber und Mönche für die arabische Alchemie ist bis heute noch nicht näher untersucht worden. Die Erforschung könnte durchaus neues Licht in die noch in Dunkel gehüllten Umstände der Übersetzungsbewegung bringen.

Die Beschäftigung mit der Alchemie scheint in koptischen Kreisen auch noch am Ende des 10./16. Jahrhunderts auf Interesse gestoßen zu sein. Davon zeugt der hier zum ersten Mal edierte und übersetzte Traktat *Kitāb Sidrat al-muntahā* („Das Buch vom Zizyphusbaum am äußersten Ende"). Die Abschrift der Handschrift, die diese Abhandlung überliefert, erfolgte durch einen Kopten, der aus einer nicht unbekannten Familie von Kopisten und Gelehrten aus der mittelägyptischen Stadt Manfalūṭ stammte.[25] Es ist nicht bekannt, ob die Abschrift für den persönlichen Gebrauch bestimmt oder eine Auftragsarbeit war. Dieser alchemistische Traktat spiegelt allerdings keine spezifisch christliche In-

---

Handschriften ein vormodernes ägyptologisches Interesse zu erkennen glaubt. Siehe El-Daly: *Egyptology.*

23 Richter: „What Kind of Alchemy" 33 u. idem: „Greek, Coptic, and the Language of the Hijra": 404 u. 422 f.

24 Bemerkungen zum koptisch-arabischen Bilingualismus und eine Periodisierung der Übersetzungsaktivitäten liefert Rubenson: „Translating the Tradition". Zur Arabisierung Ägyptens siehe u. a. MacCoull: „Three Cultures under Arab Rule" u. Garcin: „L'arabisation de l'Égypte".

25 Siehe unten 3.1. Die Geschichte der Handschrift.

terpretation alchemistischer Lehre wider. Vielmehr handelt es sich um ein synkretistisches Werk, das unterschiedliche natur- und religionsphilosophische Konzepte in einer Synthese präsentiert und diese letztlich als die „Religion der Alten Ägypter" ausgibt. Dieser Eklektizismus ist eine charakteristische Erscheinung der arabischen Alchemie. In der Tat liefern die literarischen Erzeugnisse dieser Geheimwissenschaft Einblicke in einen Bereich der intellektuellen Auseinandersetzung mit Religion und Philosophie in der vormodernen islamischen Gesellschaft, der außerhalb der offiziellen Diskurse der Religionsgelehrten und Philosophen angesiedelt war und Raum für recht unorthodoxe Theorien bot. So lässt bereits der Titel dieser Abhandlung erahnen, dass sich der Autor für seine Darstellung alchemistischer Lehre auch spezifisch islamischer Ideen bediente.

2. Das *Kitāb Sidrat al-muntahā*

2.1. Der Titel des Traktats

Das Werk trägt den Titel *Kitāb Sidrat al-muntahā* („Das Buch des Zizyphusbaums am äußersten Ende").[26] Der „Zizyphusbaums am äußersten Ende" wird zwei Mal in der Sure 53 „Der Stern" (*sūrat an-nağm*) erwähnt.[27] In der späteren Legende von der Himmelsreise (*miʿrāğ*) des Propheten ist es der Ort, an dem Muḥammad Gott erblickte.[28] In diesem alchemistischen Werk steht dieser Baum jedoch am Anfang einer Kosmogonie.[29]

2.2. Die Zuschreibung an Ibn Waḥšīya

Dem Titel folgt die Zuschreibung des alchemistischen Traktats an Abū Bakr Muḥammad b. ʿAlī b. Waḥšīya (gest. 318/930–1).[30] Ibn Waḥšīya galt als Autorität auf dem Gebiet der Geheimwissenschaften. Unter seinem Namen zirkulierten u. a. eine Schrift über Geheimalphabete, das *Kitāb Šauq al-mustahām fī maʿrifat rumūz al-aqlām*, ein Giftbuch, das *Kitāb as-Sumūm*, und ein Buch zur artifiziellen Pflanzenerzeugung, das *Kitāb*

---

26 Siehe fol. 1r. *Sidr* bezeichnet insbesondere den *Ziziphus spina-christi*, auch Syrischer Christusdorn genannt. Siehe Provençal: *Arabic Plant Names* 87b. Siehe auch Arne A. Ambros Identifizierung des *sidra* im Qurʾān als „Christdornbusch". Vgl Ambros: „Biosphäre" 320. Da der Titel „Das Buch des Zizyphusbaums am äußersten Ende" recht sperrig und undurchsichtig ist, wurde auf die Übersetzung des Buchtitels verzichtet.

27 Q 53:14 u. 16.

28 Siehe Rippin: „Sidrat al-Muntahā". Die Deutung des *sidrat al-muntahā* als überirdischer Ort wird aber durch den Kontext der Sure nicht unterstützt. Siehe Neuwirth: *Frühmekkanische Suren* 653.

29 Siehe unter 2.6.7.1. Die Entstehung der Welt.

30 Fol. 1r: „Das *Kitāb Sidrat al-muntahā* des Scheichs und Imams, des Vorzüglichen und Kenntnisreichen, des zu seiner Epoche und zu seiner Zeit einzigartigen Gelehrten, Abū Bakr Muḥammad b. ʿAlī, bekannt unter dem Namen Ibn Waḥšīya, der Nabatäer". Sein Name wird normalerweise als Abū Bakr Aḥmad b. ʿAlī b. Waḥšīya angegeben. Siehe Fahd: „Ibn Waḥshiyya" 963b.

Asrār al-qamar.[31] Berühmtheit erlangte er jedoch vor allem durch seine landwirtschaftliche Abhandlung, die *Nabatäische Landwirtschaft* (*al-Filāḥa an-nabaṭīya*).[32] Dieses in der Tradition der *Geoponica* stehende Werk ist verwoben mit allerlei magischen Praktiken und Ritualen und rezipiert Ideen neuplatonischer Philosophie. Ibn Waḥšīya erwähnt in der Einleitung, dass er dieses Werk aus nabatäischen Quellen übersetzt hätte und selbst ein Nabatäer sei.

Mit Nabatäer (*an-nabaṭ*) sind hier nicht die Bewohner der Wüstenstadt Petra gemeint, die von den Arabern *nabaṭ aš-Šām*, „die Nabatäer Großsyriens", genannt wurden. Es handelt sich vielmehr um die *nabaṭ al-ʿIrāq*, „die Nabatäer des Irak". So bezeichneten die arabischen Eroberer die ländliche Bevölkerung des Südiraks, also einer Landschaft, die in etwa dem antiken babylonischen Chaldäa entspricht.[33] Ibn Waḥšīya wurde deshalb auch der Beiname al-Kasdānī, d. h. „der Chaldäer", verliehen.[34] Allerdings verwendeten die Araber den Begriff „Nabatäer" auch für verschiedene weitere vorislamische Gruppen Vorderasiens, so dass

31 Das *Kitāb Šauq al-mustahām* enthält 93 Geheimalphabete, die wahlweise antiken Völkern oder historischen und mythischen Gestalten zugeschrieben wurden. Das Werk wurde bereits zu Beginn des 19. Jahrhunderts von Joseph von Hammer-Purgstall ediert und ins Englische übersetzt. Vgl. von Hammer-Purgstall: *Ancient Alphabets.* Das Giftbuch wurde von Martin Levey ins Englische übertragen und eingeleitet, siehe Levey: „Medieval Arabic Toxicology". Das *Kitāb Asrār al-qamar* ist nur in Form von Zitaten erhalten, siehe Ullmann: *Natur- und Geheimwissenschaften* 76, Anm. 3.

32 Eine kritische Edition dieses umfangreichen Werkes hat Taufīq Fahd veröffentlicht. Siehe Ibn Waḥšīya: *al-Filāḥa an-nabaṭīya.* Eine Untersuchung des Texts und eine englische Übersetzung ausgewählter Textpassagen legte Jaakko Hämeen-Anttila vor. Siehe idem: *Last Pagans of Iraq.*

33 Chwolsohn: „Überreste" 339. Die Bezeichnung wurde von den Arabern als Schimpfwort für diese als kulturell unterlegene Landbevölkerung verwendet. Siehe idem 337 und Anm. 8. Ibn Waḥšīya rechtfertigt daher sein Ansinnen, die angeblich altbabylonischen Quellen zugänglich zu machen, um die Größe dieser untergegangenen Zivilisation aufzuzeigen. Siehe idem 338. Zu solch kulturchauvinistischen Debatten, die insbesondere zwischen Persern und Arabern stattfanden und als *Šuʿūbīya*-Kontroverse in die Geschichte eingingen, siehe u. a. Mottahedeh: „Shu'ûbîyah Controversy"

34 Chwolsohn: „Überreste" 336.

die Bezeichnung nicht unbedingt mit „Chaldäer" gleichzusetzen ist, sondern eher die Nachfahren der alten Babylonier generell impliziert.[35]

Die Behauptung Ibn Waḥšīyas, er habe aus geheim gehaltenen Schriften der Chaldäer übersetzt, hat der deutsche Orientalist Theodor Nöldeke (1836–1930) allerdings als falsch dargelegt.[36] Nöldeke stellte nicht nur die Authentizität der Quellen in Frage, er zweifelte auch an der Historizität des Verfassers.[37] Der finnische Islamwissenschaftler Jaakko Hämeen-Anttila hingegen geht von der möglichen Autorschaft eines historisch fassbaren Ibn Waḥšīyas aus und setzt sein Todesjahr auf 318/930–1 an.[38] Auch als Autor alchemistischer Werke trat diese Person in Erscheinung. Bereits der Bagdader Buchhändler Ibn an-Nadīm berichtet in seinem Katalog arabischer Bücher, den er nach eigenen Angaben im Jahr 377/987–8 fertigstellte, dass Ibn Waḥšīya alchemistische Werke verfasst habe. Die anschließende Aufzählung dieser Abhandlungen enthält jedoch keine Schrift mit dem Titel *Kitāb Sidrat al-muntahā*.[39]

Zwar ist die Existenz dieses in den okkulten Wissenschaften bewanderten Autors nicht gesichert, dennoch zeichnen sich die Werke des „Ibn-Waḥšīya-Schriftenkreises"[40] durch gewisse Charakteristika aus. Dazu gehört zum einen der Anspruch des Autors, der nabatäischen Minderheit anzugehören und deren Sprache kundig zu sein, aus der er die überlieferten Lehren ins Arabische übersetzte. Zum anderen weisen die Texte zahlreiche Bezüge zu altbabylonischen Gelehrten und Gottheiten auf. All dieser Elemente entbehrt der hier vorgelegte Traktat, der abgesehen

35 Idem 339 f.

36 Siehe Nöldeke: „Nabatäische Landwirthschaft".

37 Nöldeke: „Nabatäische Landwirthschaft" 453–55. Nöldeke sieht in dem Schüler Ibn Waḥšīyas, Abū Ṭālib az-Zaiyāt, den eigentlichen Verfasser dieses Werkes. Diesem hat Ibn Waḥšīya gemäß seiner Aussage in der Einleitung der *Nabatäischen Landwirtschaft* das agronomische Werk diktiert.

38 Hämeen-Anttila: *Last Pagans of Iraq* 3.

39 Ibn an-Nadīm: *Fihrist* 358/Übers. Dodge II 863 f. Ebenso führten weder Manfred Ullmann noch Fuat Sezgin ein Werk unter diesem Titel an. Siehe Ullmann: *Natur- und Geheimwissenschaften* 209 f. u. Sezgin: *GAS* IV 282 f. Als Autorität auf dem Gebiet der Alchemie wird Ibn Waḥšīya zudem in der *Rutbat al-ḥakīm* des Maslama al-Maǧrīṭī erwähnt. Siehe Holmyard: „Maslama" 297.

40 Ullmann: *Natur- und Geheimwissenschaften* 209.

von der Nennung Ibn Waḥšīyas als Autor sowie als Dialogpartner in der Rahmenerzählung keinerlei Bezüge zum Irak oder zur altbabylonischen Lehre enthält. Auch weist der Text keine größeren Gemeinsamkeiten mit dem bekannteren alchemistischen Werk dieses Autors, dem *Kitāb Uṣūl al-ḥikma*, auf.[41] Vielmehr ist der Text eindeutig einem hermetisch-ägyptischen Milieu zuzuordnen. Es handelt sich folglich bei dieser Schrift um ein Pseudepigraph.[42]

Die fälschliche Zuschreibung alchemistischer Traktate an Philosophen, Gelehrte und Autoritäten der Hermetik war insbesondere während der frühesten Phase der arabischen Alchemie zwischen dem 2./8. und 4./10. Jahrhundert durchaus üblich.[43] Zudem wählten die Autoren gerade für die in Dialogform verfassten arabisch-alchemistischen Schriften bekannte Autoritäten als fiktive Gesprächspartner.[44] Die Zuschreibung des Traktats an Ibn Waḥšīya ist daher womöglich nicht nur der Absicht geschuldet, das Interesse des Lesers zu wecken und dem Werk einen höheren Marktwert zu verleihen, sondern spiegelt auch die gängige Praxis in der Produktion alchemistischer Literatur wider.

---

41 Bei dieser Aussage stütze ich mich auf die Inhaltsbeschreibung Manfred Ullmanns. Vgl. idem: *Natur- und Geheimwissenschaften* 209. Es war mir leider nicht möglich, die Handschriften dieses noch nicht edierten Werkes zu konsultieren.

42 Ibn Waḥšīya werden noch weitere hermetische Traktate zugeschrieben, darunter zwei Bücher mit den Titeln *Kanz al-ḥikma* und *Maṭāliᶜ al-anwār fī l-ḥikma* sowie ein *Kitāb al-Hayākil wa-t-tamāṯīl* und ein *Kitāb Ṭabqānā*, siehe Fahd: „Ibn Waḥshiyya“ 965a.

43 Siehe Ullmann: *Natur- und Geheimwissenschaften* 151 f. Fuat Sezgin vertritt hingegen die Ansicht, dass es sich bei den Traktaten, die griechischen Autoren zugeschrieben werden, um tatsächliche Übersetzungen hellenistischer Vorlagen handele. Vgl. Sezgin: *GAS* IV 14 f. Die bisherige philologische Aufarbeitung der Handschriftenbestände hat jedoch deutlich weniger tatsächliche Übersetzungen zutage befördert als ursprünglich vermutet.

44 Siehe zum Beispiel die von Juliane Müller kürzlich veröffentlichten Dialoge zwischen Aristoteles und dem Inder Yūhīn sowie den Alchemisten Qaydarūs und Mītāwūs mit dem König Marqūnus. Siehe idem: *Zwei arabische Dialoge*.

2.3. Die Erwähnungen des Werks in der Literatur

Das Werk wird, wie bereits weiter oben gesagt wurde, nicht unter den von Ibn an-Nadīm aufgelisteten alchemistischen Werken Ibn Waḥšīyas genannt. Die Schrift wird nachweislich zum ersten Mal von dem osmanischen Gelehrten Ḥāǧǧī Ḫalīfa (1017–67/1609–57) in seiner fast 15 000 Titel umfassenden bibliographischen Enzyklopädie *Kašf aẓ-ẓunūn ʿan asāmī l-kutub wa-l-funūn* erwähnt. Zu diesem Werk, dessen Autor Ibn Waḥšīya sei, merkt er lediglich an, dass es von der Alchemie (*fī l-kīmiyāʾ*) handle.[45]

Der nächste Hinweis auf diese alchemistische Abhandlung findet sich erst gut 200 Jahre später, und zwar in dem 1806 von dem österreichischen Diplomaten und Orientalisten Joseph von Hammer-Purgstall (1774–1856) herausgegebenen und Ibn Waḥšīya zugeschriebenen Traktat über Geheimalphabete, dem *Kitāb Šauq al-mustahām.* Der Herausgeber verweist in der Einleitung auf einen Kommentar des Arztes Ibn al-Akfānī (gest. 749/1348), der in seiner Enzyklopädie *Kitāb ad-Durr an-naẓīm fī aḥwāl ʿulūm at-taʿlīm* behauptet, dass Ibn Waḥšīya das *Kitāb Sidrat al-muntahā* aus der Sprache der Nabatäer übersetzt haben soll (*naqala Ibn Waḥšīya ʿan an-nabaṭ*).[46] Im Traktat selbst ist jedoch nicht die Rede von einer Übersetzung aus der „Sprache der Nabatäer". Diese falsche Behauptung lässt sich wohl auf die große Popularität der *Nabatäischen Landwirtschaft* zurückführen, die Ibn Waḥšīya den Ruf als Übersetzer aus dem „Nabatäischen" einbrachte und die in der Leidener Handschrift des *Kitāb ad-Durr an-naẓīm* in der Tat erwähnt wird.[47] Das *Kitāb ad-Durr an-naẓīm* ist eine anonyme Bearbeitung der Enzyklopädie

---

45 Ḥāǧǧī Ḫalīfa: *Kašf aẓ-ẓunūn* II Sp. 982.

46 Siehe von Hammer-Purgstall: *Ancient Alphabets* xvi.

47 Es war mir leider nicht möglich, die Handschriften dieses Werkes zu konsultieren. Ich verlasse mich daher auf die Aussage von Hammer-Purgstalls. Eine kurze Übersicht über den Inhalt des Werkes bietet Witkam: *De Egyptische arts Ibn al-Akfānī* 254–64. Das Werk erwähnt die *Nabatäische Landwirtschaft* des Ibn Waḥshīya und kommt auch auf die Alchemie zu sprechen. Siehe idem 260 f. Witkam sagt allerdings nicht, ob es einen Hinweis auf das *Kitāb Sidrat al-muntahā* enthält.

Kitāb Iršād al-qāṣid ilā asnā al-maqāṣid des Ibn al-Akfānī.[48] Das Werk ist durch einige Handschriften bezeugt und ist wohl Mitte des 9./15. Jahrhunderts entstanden.[49] Folglich muss das *Kitāb Sidrat al-muntahā* bereits zu dieser Zeit existiert haben (siehe auch weiter unten Kap. 2.4.).

Im Jahr 1856, einige Zeit nach von Hammer-Purgstalls Publikation, erschien die Abhandlung über die Sabier (*Ṣābiʾūn*) des russischen Orientalisten Daniel A. Chwolson (1819–1911).[50] Er muss sich auf von Hammer-Purgstall beziehen, wenn er in seinem Werk anmerkt, dass Ibn Waḥšīya ein Werk „über Chemie" mit dem Titel *Kitāb Sidrat al-muntahā* aus dem Nabatäischen übersetzt habe und dass er viel gereist sei, sich u. a. in Damaskus und Bagdad aufhielt, und in Ägypten die Hieroglyphen studierte.[51]

In Erscheinung tritt das *Kitāb Sidrat al-muntahā* dann erst wieder 1880 im Laufe der Katalogisierung der Gothaer orientalischen Handschriftenbestände durch den Bibliothekar Wilhelm Pertsch (1832–99). In diesem Jahr erscheint der zweite Band seines Katalogs der arabischen Handschriften der Herzoglichen Bibliothek zu Gotha, in der die Handschrift, welche das hier vorgelegte Werk überliefert, mit der laufenden Nummer 1162 verzeichnet wurde. Pertsch merkt bei der Beschreibung der Handschrift an, dass es sich bei dem Inhalt des Traktats nicht um Alchemie handle, wie von Ḥāǧǧī Ḫalīfa behauptet, sondern vielmehr um „ein Gespräch zwischen Ibn Waḥshîya und al-Maghribî al-Qamarî über

48 Idem 254–64.

49 Idem 254.

50 Die Bezeichnung Sabier (*Ṣābiʾūn*) wird bereits im Qurʾān erwähnt und bezeichnet dort eine Gruppe, die neben Christen und Juden zu den Anhängern einer Buchreligion (*ahl al-kitāb*) gezählt wird. Vgl. Q 2:62, 5:69 und 22:17. Entsprechend der arabischen Quellen hätte die ehemals in Ḥarrān ansässige Religionsgemeinschaft, welche Astralgottheiten anbetete, die Bezeichnung für sich übernommen, um so der Verfolgung durch den Kalifen al-Maʾmūn (reg. 198–218/813–33) zu entgehen. Die Doktrinen der Sabier hatten auch Einfluss auf die Alchemie und können u. a. in den alchemistischen Werken des *Kitāb Sirr al-ḫalīqa* des Balīnās (=Apollonios von Tyana) und der *Turba philosophorum* festgestellt werden. Siehe Fahd: „Ṣābiʾa".

51 Chwolson: *Die Ssabier* I 823.

religions- und naturphilosophische Fragen".[52] Der deutsche Orientalist Carl Brockelmann (1868–1956), der Pertschs Katalog für seine *Geschichte der arabischen Litteratur* auswertete, übernahm den exakten Wortlaut Pertschs und verzeichnete die Handschrift in dem 1898 erschienenen ersten Band dieser umfassenden Bibliographie der arabischen Literatur.[53]

Danach gerät das *Kitāb Sidrat al-muntahā* in Vergessenheit. Der amerikanische Wissenschaftshistoriker George Sarton (1884–1956) bezieht sich zwar auf das alchemistische Œuvre des Ibn Waḥšīya in seiner Einführung in die Geschichte der Naturwissenschaften, misst diesem jedoch keinerlei Bedeutung für die Geschichte der Chemie bei. Seine Schriften würden lediglich dazu beitragen, „alchemical symbolism"[54] besser zu verstehen. Zudem geht er in seiner kurzen Abhandlung über Ibn Waḥšīya nicht auf seine alchemistischen Werke ein, sondern bezieht sich lediglich auf die *Nabatäische Landwirtschaft.*[55]

Der Traktat fand auch keinerlei Erwähnung in den beiden großen Bibliographien zur arabisch-alchemistischen Literatur. Weder erwähnt Fuat Sezgin ihm in dem von ihm 1971 herausgegebenen vierten Bandes der *Geschichte des Arabischen Schrifttums* zum Bereich Alchemie, Chemie, Botanik und Agrikultur den Traktat, noch erteilt Manfred Ullmann in seiner ein Jahr später publizierten Darstellung der Natur- und Geheimwissenschaften im Islam Auskunft über dieses Werk.[56] Taufīq Fahd, der zwar auf andere, diesem Autor zugeschriebene hermetische Werke eingeht, führt in seinem 1986 erschienenen Artikel zu Ibn Waḥšīya in der *Encyclopaedia of Islam. Second Edition* dieses Werk ebenfalls nicht an.[57] Dies mag der Klassifizierung als religions- und naturphilosophisches Werk durch Wilhelm Pertsch oder seines offensichtlich pseudepigraphischen Charakters geschuldet sein.

52 Pertsch: *Katalog* II 375 f.

53 Siehe Brockelmann: *GAL* I 281.

54 Sarton: *Introduction* 621.

55 Idem 634 f.

56 Ullmann: *Natur- und Geheimwissenschaften* 209 f. u. Sezgin: *GAS* 282 f.

57 Fahd: „Ibn Waḥshiyya".

2.4. Zur Datierung

Da es sich bei dem *Kitāb Sidrat al-muntahā* um ein Pseudepigraph handelt, muss es nach der Schaffenszeit Ibn Waḥšīyas – sofern diese Person tatsächlich existierte – entstanden sein. Folgt man dem von Jaakko Hämeen-Anttila angegebenen Sterbedatum, so kann die Lebenszeit dieses Autors auf das Ende des 3./9. bzw. Anfang des 4./10. Jahrhunderts angesetzt werden. Wie bereits oben erwähnt, existierte das Werk spätestens Mitte des 9./15. Jahrhunderts. Der pseudepigraphische Charakter dieser Schrift spricht jedoch für eine frühe Entstehung des Traktats, da das Phänomen der Zuschreibung eigener Werke an fremde Autoritäten in späterer Zeit abnimmt.[58] Darüber hinaus lässt die im *Kitāb Sidrat al-muntahā* erwähnte Schwefel-Quecksilber-Theorie es als durchaus wahrscheinlich erscheinen, dass dieses Werk während der frühen Phase alchemistischer Betätigung, d. h. zwischen dem 4./10. und 6./12. Jahrhundert, in Ägypten entstanden ist.[59]

Die hier präsentierte Fassung basiert auf der einzig erhaltenen Abschrift, die Ende des 10./16. Jahrhunderts erfolgte (siehe unten Kap. 3.1.). Inwieweit diese Fassung dem ursprünglichen Text entspricht, kann aufgrund des Fehlens weiterer Textzeugen nicht beantwortet werden.

2.5. Struktur des Traktats

Das *Kitāb Sidrat al-muntahā* besteht aus einer Rahmenhandlung und der Wiedergabe des alchemistischen Inhalts eines angeblich in Memphis gefundenen Buches. Sowohl die Rahmenhandlung als auch der Buchinhalt ist in der Form eines Dialogs verfasst worden. Die Rahmenhandlung setzt mit einer Rede Ibn Waḥšīyas, des angeblichen Autors und Ich-Erzählers, ein, in der er sich über die Strategien der Altvorderen, ihr Wissen zu überliefern und gleichzeitig geheimzuhalten, äußert. Daran

58 Ullmann: *Natur- und Geheimwissenschaften* 151.

59 Zur Schwefel-Quecksilber-Theorie, die aller Wahrscheinlichkeit nach in Ägypten entwickelt worden ist, siehe von Lippmann: *Entstehung* I 180 u. III 119 f; Hopkins: *Alchemy* 122. Gemäß dieser Theorie muss das Kalte und Feuchte (=Quecksilber) mit dem Warmen und Trockenen (=Schwefel) vereint werden, um das Elixier und damit Gold zu erhalten. Vgl. Kraus: *Jābir* II 1 f.

anschließend berichtet er von einer Begegnung mit einem Alchemisten aus dem islamischen Westen (*al-ġarb*), den er später als al-Maġribī al-Qamarī bezeichnet. Es beginnt ein Dialog zwischen diesen beiden, im Verlauf dessen al-Maġribī al-Qamarī Ibn Waḥšīya über ein Buch informiert, das in Memphis gefunden wurde und dessen koptische Übersetzung sein Scheich ihm ausgehändigt habe. Er übergibt diese Übersetzung Ibn Waḥšīya, der, als er das Buch öffnet, erkennt, dass es bereits ins Arabische übersetzt wurde. Es folgt die wörtliche Wiedergabe des Abschnitts über Alchemie in diesem Buch. Der Inhalt setzt mit der Rede eines Ich-Erzählers über die Entstehung der Welt ein und geht über in einen Dialog, zunächst zwischen der Seele und dem Verstand, dann zwischen dem Verstand und Gott. Nach Wiedergabe des Buches folgt ein Dialog zwischen Ibn Waḥšīya und al-Maġribī al-Qamarī über den Inhalt dieser alchemistischen Lehre, der den Traktat abschließt.

2.6. Inhaltsübersicht

2.6.1. Die Eingangsrede des Ibn Waḥšīya [1v–2v]

Der Traktat beginnt mit einer Rede Ibn Waḥšīyas, in der er von den Gelehrten früherer Völker berichtet, die unablässig bemüht waren, ihre Kenntnisse den nachfolgenden Generationen zu überliefern. Sie schrieben aus diesem Grund ihr Wissen in Büchern nieder, in dunkler und geheimnisvoller Rede, so dass die Unwissenden und diejenigen, deren Verstandeskräfte beeinträchtigt sind, nicht an diese Geheimnisse gelangen können. Denn sollte dies geschehen, würde sich generelles Verderben (*al-fasād al-ᶜāmm*) für die Menschheit einstellen.

Die Alchemie galt seit ihrer Entstehung in Ägypten als eine geheime, nur den Adepten zugängliche Kunst. Das Geheimhaltungsgebot galt bereits für die der Alchemie vorausgegangenen Rezepte zur Färbung von Metallen. Diese wurden in den Tempeln aufbewahrt, um sie vor Konkurrenten oder Betrügern geheim zu halten.[60] Die Tradition der Bewahrung geheimer Lehre wurde sowohl in der griechischen als auch in der arabischen Alchemie fortgeführt. Der osmanische Bibliograph Ḥāǧǧī Ḫalīfa erwähnt zum Beispiel in seiner Beschreibung der Alche-

60 Siehe Festugière: *La révélation d'Hermès Trismégiste* I 220.

mie, dass die Alchemisten die Methode der Herstellung des Elixiers durch Rätsel (*alġāz*) und dunkle Rede (*taᶜmiya*) geheimgehalten hätten, denn darin würde ein genereller Nutzen (*maṣlaḥa ᶜāmma*) liegen.[61] Das Niederschreiben geheim gehaltenen Wissens ist ein auffallendes Charakteristikum okkulten Schrifttums, denn es erscheint auf den ersten Blick eher verwunderlich, dass eine so streng gehütete Lehre dem Leser nun in schriftlicher Form präsentiert werden soll. Geschriebenem wurde jedoch besonders in der Alchemie, aber auch in anderen Geheimwissenschaften, höchste Autorität zuerkannt. So galt die *Tabula Smaragdina* unter den Alchemisten als „Grund- und Gesetzbuch ihres Glaubens an die Möglichkeit der Metallverwandlung, Offenbarung höchster göttlicher Weisheit und Schlüssel zu den letzten Geheimnissen der Natur".[62] Die Wertschätzung des geschriebenen Wortes in der Alchemie erinnert stark an die Verehrung der heiligen Schriften in den drei Buchreligionen. Besonderen Stellenwert genießt das geschriebene Wort in der Lehre der Gnosis, deren Einfluss auf die Alchemie in vielen Traktaten deutlich erkennbar ist. Die Gnostiker maßen den Schriften eine soteriologische Dimension bei:

> Der Anspruch, daß es uralte, himmlische Schriften sind, in denen die erlösende Erkenntnis aufbewahrt ist, wird hier noch mehrschichtiger begründet, als es in der buchgebundenen Glaubenswerbung der Antike, insbesonders [sic] der Juden, sonst der Fall ist.[63]

Ähnlich stellt die in den alchemistischen Büchern offenbarte Weisheit den Schlüssel zur Erkenntnis der Naturzusammenhänge dar. Für einige führen sie sogar zur Läuterung der Seele.[64] Das Spannungsverhältnis zwischen notwendiger Wissensvermittlung und striktem Geheimhaltungsgebot der alchemistischen Lehre ist auch dem Autor des hier präsentierten Traktats bewusst. Er führt die Überlieferung der Geheimnisse

---

61 Vgl. Ḥāǧǧī Ḫalīfa: *Kašf aẓ-ẓunūn* II Sp. 1530.

62 Ruska: *Tabula Smaragdina* 1.

63 Colpe: „Gnostizismus" 125 f.

64 Die Verbindung zwischen Sufismus und Alchemie hat Pierre Lory aufgezeigt. Siehe Lory: *Alchimie et mystique*.

durch die Altvorderen auf deren gute Charaktereigenschaften und die Güte ihrer Seelen zurück, die sie veranlasst hätten, das Wissen über die Alchemie nicht für sich zu behalten und sie dadurch anderen vorzuenthalten. Dennoch, so gibt er zu bedenken, wäre es vielleicht sehr gut gewesen, sie hätten diese Kunst gar nicht erst erwähnt.

Die Berufung auf vorausgegangene Autoritäten und deren überliefertes Wissen ist in zahlreichen sowohl griechischen als auch arabischen alchemistischen Schriften bezeugt. Bereits die griechischen Alchemisten wie Pseudo-Demokrit, Zosimos oder Olympiodoros beriefen sich auf die Bücher ihrer Vorfahren.[65] Diese Tradition wird in der arabischen Alchemie fortgeführt und in dem Vorwort des *Kitāb Sidrat al-muntahā* explizit zum Ausdruck gebracht. In der vormodernen islamischen Kultur genossen die Überlieferungen der Weisen und Gelehrten vergangener Jahrhunderte generell einen großen Stellenwert. Dies lässt sich zum Beispiel anhand der Äußerung des Literaten al-Ǧāḥiẓ (gest. 255/868–69) über die Bücher der Weisen erkennen:

> Die Bücher der Weisen (*ḥukamāʾ*) und das, was die Gelehrten (*ʿulamāʾ*) aus den Klassen der Beredsamkeit (*aṣnāfu 'l-balāġāt*) und der Handwerke (*ṣināʿāt*), des Benehmens (*ādāb*) und der zivilisatorischen Errungenschaften (*arfāq*, pl. von *rifq*) vergangener Jahrhunderte und früherer Völker, derer, von denen etwas übrigblieb, und derer, von denen nichts übrigblieb, aufgezeichnet haben – (das alles) wird am fortdauernsten [sic] erinnert, hat das größte Ansehen und wird am meisten reflektiert. Denn die Weisheit ist hinsichtlich des Nutzens, der aus ihr zu ziehen ist (*al-intifāʿu bihā*), am nützlichsten für den, der sie geerbt hat (*man wariṯahā*).[66]

Abschließend geht Ibn Waḥšīya noch auf die Formen ein, in denen sich die früheren Alchemisten über ihre Kunst geäußert hätten. So behauptet er, dass einige über die Alchemie berichtet hätten, als würden sie über

65 Berthelot: *Origines* 24 f.

66 Al-Ǧāḥiẓ: *Kitāb al-Ḥayawān* I 73. Übers. Susanne Enderwitz. Siehe idem: *Gesellschaftlicher Rang* 136.

die Medizin sprechen. Zwischen der Alchemie und der Medizin gab es in der Tat zahlreiche Überschneidungen, obwohl alchemistische Praktiken von der Pharmakologie strikt geschieden waren. Das Elixier, zum Beispiel, bezeichnete in der Spätantike generell ein Mittel zur „Heilung“ der Körper. Während der Begriff in der Medizin häufig für eine Augensalbe verwendet wurde, war es in der Alchemie ein Stoff, dem man die Fähigkeit zusprach, die Körper (*aǧsām*), d. h. die Metalle, in Gold und Silber zu verwandeln bzw. zu transmutieren.[67] Auch im *Kitāb Sidrat al-muntahā* wird dem Elixier eine heilende Wirkung zugesprochen.[68]

Ibn Waḥšīya behauptet zudem, dass einige über diese Kunst reden würden, als sprächen sie über die Religionen und ihre Gesetze. Dies wird später noch genauer erläutert, wenn Ibn Waḥšīyas Gesprächspartner die Ähnlichkeit der Alchemie mit den Doktrinen und Riten der einzelnen Religionen verdeutlicht (siehe unten Kap. 2.6.3). Andere Gelehrte wiederum, so Ibn Waḥšīya, hätten ihre Aussagen zu Gleichnissen und Geschichten (*ḫurāfāt*) geformt. Vermutlich bezieht er sich bei dieser Aussage auf die esoterisch-allegorische Ausrichtung der Alchemie, in der häufig die alchemistische Lehre in Form von Visionen, Allegorien und mythischen Erzählungen mitgeteilt wurde.[69] Dass auch das vorliegende Werk dieser Kategorie angehört, wird erst später deutlich, wenn der Inhalt der „Tafel des Hermes“ präsentiert wird (siehe u. Kap. 2.6.7).

2.6.2. Die Begegnung mit al-Maġribī al-Qamarī [2v]

Nach dem Eingangsmonolog erwähnt Ibn Waḥšīya seine Begegnung mit einem fremden Mann von den Bewohnern des Maghreb (*raǧul ġarīb min ahl al-ġarb*). Es handelt sich hier um ein Wortspiel mit der Wurzel *ġ-r-b*. Aus dieser Wurzel wird das Wort *ġarb* („der Westen; der Westen des Islamischen Reichs bzw. der Maghreb“) als auch das Wort *ġarīb* („fremd, seltsam“) gebildet. Dieselbe Wurzel wird dann auch in dem Namen des Gesprächspartners wieder aufgegriffen, der zunächst weiterhin

67 Siehe Carusi: „Elixir“ und weiter unten Kap. 2.6.7.3.

68 Siehe fol. 14r–v.

69 Vgl. Ullmann: *Natur- und Geheimwissenschaften* 10. Ein bekannter Vertreter dieser mystischen Ausrichtung war der Alchemist Ibn Umail (fl. 4./10. Jahrhundert). Siehe idem: 217–20 u. Ruska „Studien“.

als „Fremder" (*al-ġarīb*) bezeichnet, später aber als al-Maġribī al-Qamarī eingeführt wird. Übersetzt bedeutet der Name soviel wie „der Maghrebiner, der Mondbewohner" oder „der Maghrebiner, dessen Herkunftsort der Mond ist". Es handelt sich also offensichtlich um einen Kunstnamen.[70] Die Bewohner des westlichen Nordafrikas galten in Ägypten als besonders zauberkundig.[71] Die *nisba* al-Qamarī hingegen, verweist auf die Bedeutung des Mondes in der Alchemie. Der Mond wurde als Deckname für Silber verwendet.[72] Al-Qamarī könnte folglich auch als „der sich mit Silber befasst" oder „der Silber herstellt" übersetzt werden. Denkbar wäre auch eine Verbindung zu den Sabiern Ḥarrāns, die einen Mondgott verehrten.[73] Über die weiteren Umstände dieser Begegnung zwischen Ibn Waḥšīya und al-Maġribī al-Qamarī wird der Leser im Unklaren gelassen. Erst im Verlauf des Traktats wird ersichtlich, dass der Maghrebiner in der Alchemie bewandert ist und von einem Scheich unterwiesen wurde. In seiner Funktion als Meister dieser Kunst führt er nun Ibn Waḥšīya in die Geheimnisse der Alchemie ein.

2.6.3. Die Ähnlichkeit der Alchemie mit den Religionen [2v–4v]

Al-Maġribī al-Qamarī demonstriert im Folgenden die Ähnlichkeit der Alchemie mit den unterschiedlichen religiösen Doktrinen und Riten.[74] Die Verbrennung der Toten im Feuer bei den Hindus in Indien entspreche dem Prozess der Teilung (*at-tafṣīl*). Der Dualismus der Manichäer finde sich auch in der Mischung der Welt, die aus Feinem und Grobem bestehe. Ein Volk in Ägypten bete die Sterne an und verehre die vier

70 Julius Ruska hat bereits auf den fiktionalen Charakter der in solchen pseudepigraphischen Texten auftretenden Personen hingewiesen. Vgl. Ruska: „Studien" 334.

71 So treten in den ägyptischen Erzählungen von Tausend und einer Nacht häufig maghrebinische Zauberer in Erscheinung, zum Beispiel in der Geschichte von Ǧaudar und seinen Brüdern. Siehe *Alf laila* II 90 u. Littmann: *Erzählungen* 371.

72 Siehe Siggel: *Decknamen* 47.

73 Siehe Green: *City of the Moon God.*

74 Eine ähnliche Erzählung findet sich in dem Traktat *Risālat Bayān tafrīq al-adyān wa-tafarruᶜ al-ᶜibādāt wa-d-diyānāt wa-l-iᶜtiqādāt*, das dem Zosimos zugeschrieben wird. Vgl. Ullmann: *Natur- und Geheimwissenschaften* 163.

Elemente. Sie sagten, dass diese die Götter seien. Tatsächlich glaubte man, dass die koptische Bevölkerung Ägyptens vor ihrer Bekehrung zum Christentum die Sterne anbetete. Dies berichtet zum Beispiel der ägyptische Historiker Taqī al-Dīn Aḥmad al-Maqrīzī (gest. 845/1442) in seiner Geschichte der Kopten Ägyptens:

> Die Copten waren in früheren Zeiten Götzendiener, sie verehrten die Sterne, brachten ihnen Opfer dar, und richteten unter ihrem Namen Bilder auf, wie es die Sabäer thun. [...] die Copten hatten eine bekannte Lehre, wie die Sabäer, und Tempel unter dem Namen der Gestirne, zu denen die Leute aus allen Gegenden des Landes wallfahrteten; die Weisen und Philosophen anderer Nationen suchten sie zu widerlegen und besuchten sie nur wegen der Kenntnisse, welche sie in der Magie, den Talismanen, der Geometrie, Astronomie, Medicin, Arithmetik und Alchimie besaßen, worüber es viele Erzählungen von ihnen gibt.[75]

Nicht nur die Dogmen und Riten der Heiden, auch die der Anhänger der Buchreligionen seien entsprechend der Ansicht des maghrebinischen Alchemisten der Lehre dieser Kunst ähnlich. Neben der christlichen Trinität, die sich in den drei für den alchemistischen Prozess benötigten Dingen, der Seele, dem Geist und dem Körper, widerspiegelt, kommt er auch auf den Einheitsglauben der Muslime zu sprechen, da der Ursprung des Werks (*al-ʿamal*) auf eins zurückgehe.[76] Es folgen weitere Vergleiche zwischen der Alchemie und den religiösen Überlieferungen und Riten. Besonders interessant erscheint hier der Verweis auf die jüdische Thora, in deren erstem Buch sich die Beschreibung über den Beginn der Schöpfung befindet. Diese entspreche dem ersten Werk dieser Kunst. In der Tat präsentiert der Traktat im Anschluss eine Kosmogonie, die jedoch nicht dem in der Genesis dargestellten Schöpfungsbericht entspricht. Al-Maġribī beendet diesen Exkurs mit dem Hinweis, dass die Mehrheit der Menschheit die Wahrhaftigkeit der Alchemie

75 Al-Maqrīzī: *Aḫbār Qibṭ Miṣr*, 3/Übers. Wüstenfeld 13 f.

76 Hier ist vermutlich die Rede von der „einen Sache im Menschen“, die für die Herstellung von Gold benötigt wird. Vgl. fol. 12v.

leugne. In ihrer Argumentation gegen die Alchemie seien sie jedoch unterschiedlicher Ansicht und dies aufgrund der schwer verständlichen und gänzlich dunklen Lehre der Alchemie. Nur dem werde diese Lehre zuteil werden, fährt der Alchemist fort, der „hochgesinnt, eifrig bestrebt, ausdauernd angesichts der Erfordernisse, unverdrossen, reich an Einsicht, fern der Narrheit, gemäßigten Gemüts" sei.[77]

2.6.4. Beginn des Dialogs zwischen Ibn Waḥšīya und al-Maġribī [4v]

Im Anschluss an die Ausführungen al-Maġribīs setzt ein Dialog, eine Art Meister-Schüler-Gespräch, zwischen diesem Alchemisten und Ibn Waḥšīya ein. Der Dialog war eine beliebte literarische Form in der alchemistischen Literatur.[78] Er steht in der Tradition der hermetischen Schriften, philosophischer, magischer, astrologischer und alchemistischer Texte, die Hermes Trismegistos zugeschrieben und häufig in Dialogform verfasst wurden. Die Figur des Hermes Trismegistos, eine synkretistische Verschmelzung des griechischen Gottes Hermes mit der ägyptischen Gottheit Thot, galt unter arabischen Gelehrten lange Zeit als Autorität auf dem Gebiet der Geheimwissenschaften.[79] Es ist auch anzunehmen, dass die Form des Dialogs ein literarisches Echo der überwiegend mündlich erfolgten Unterweisung in die Geheimnisse der Al-

---

77 Fol. 4v.

78 Siehe z. B. die *Risālat Qalūbaṭra malikat Samannūd*, ein Lehrgespräch zwischen Kleopatra und ihren Schülern (überliefert in al-Ǧildakīs Kommentar zum *Kitāb aš-Šams al-akbar* des Balīnās (=Apollonios von Tyana). Vgl. Ullmann: *Natur- und Geheimwissenschaften* 181. Eine lange Diskussion zwischen Āras und dem byzantinischen Kaiser Theodoros findet sich in dem Traktat *Muṣḥaf al-ḥayāt*. Vgl. idem: 190. Regula Forster untersucht in ihrer Habilitationsschrift die Form des Dialogs in der arabischen Literatur. In dieser Studie bezieht sie sich auch auf zahlreiche alchemistische Schriften, darunter den hier vorgestellten Traktat.

79 Zu Hermes Trismegistos und den hermetischen Schriften in der arabischen Tradition siehe insbesondere van Bladel: „Hermes and Hermetica" u. idem: *The Arabic Hermes*. Die neueste Übersetzung des *Corpus Hermeticum* wurde von der Altphilologin Maria Magdalena Miller angefertigt. Siehe Miller: *Die Traktate des Corpus Hermeticum*. Das soziale Umfeld, in dem diese Schriften entstanden, hat Garth Fowden untersucht. Siehe Fowden: *The Egyptian Hermes*.

chemie darstellt.[80] In der Tat erweckt der Traktat den Eindruck einer Initiation in die „tieferen Geheimnisse“ dieser Kunst.

2.6.5. Über den Ursprung der Alchemie [4v–6r]

Ibn Waḥšīya erkundigt sich zunächst bei al-Maġribī al-Qamarī über den Ursprung der Alchemie. Sein Gesprächspartner führt die unterschiedlichen Ansichten an, die über den Beginn der Alchemie kursieren. So behaupte ein Volk, dass sie dem Adam, ein anderes, dass sie dem Idrīs, der in der Sprache der Griechen Hermes genannt werde, offenbart worden sei.[81] Daneben werden unter anderem Abraham, die Nabatäer, die Perser, die Philosophen Griechenlands, die Sternkundigen Indiens sowie die Zauberer des Jemens als mögliche Erfinder der Alchemie erwähnt.[82] Al-Maġribī hingegen vertritt die Ansicht, dass sie in Ägypten entstanden sei, da er die alten Bücher über sie gesehen habe und diese alle dort verfasst worden seien.[83]

---

80 Siehe Lory: „Kimiā“. Ein Hinweis auf die vorherrschende mündliche Tradierung geben auch die in sehr verkürzter Form vorliegenden Rezepte, deren Sinn lediglich der Eingeweihte verstehen konnte. Sie dienten wohl als Gedächtnisstütze (siehe Schütt: *Geschichte der Alchemie* 27) und wurden zu Beginn ausschließlich von Vater zu Sohn tradiert. Siehe Festugière: *La révélation d'Hermès Trismégiste* 221. Siehe auch Forster: „Auf der Suche nach Gold und Gott“.

81 Die Offenbarung der Alchemie an Adam war eine weitverbreitete Ansicht. Sie findet sich u. a. auch in dem bereits erwähnten Traktat des Zosimos. Idrīs wird im Qurʾān als Prophet angeführt (Q 19:56 f. u. Q 21:85 f.). Er wird meist mit dem biblischen Propheten Enoch gleichgesetzt und häufig mit Hermes identifiziert. Vgl. z. B. al-Masʿūdī: *Murūǧ aḏ-ḏahab*, 35. Siehe auch Ullmann: *Natur- und Geheimwissenschaften* 371. Die göttliche Offenbarung der Alchemie ist bereits für die hellenistische Alchemie attestiert. Siehe Hammer-Jensen: *Die älteste Alchymie* 77.

82 Ibn an-Nadīm berichtet ebenfalls über die unterschiedlichen Theorien zur Entstehung der Alchemie. Neben Hermes führt er auch die Offenbarung Gottes an Moses und seinen Bruder Aaron an. Siehe Ibn an-Nadīm: *Fihrist* 351 f./Übers. Dodge II 843 f. Eine kulturgeschichtliche Einordnung dieser Theorien wird demnächst in einem Sonderband zur Alchemie in der spanischen Fachzeitschrift al-Qantara erscheinen.

83 Ägypten wird in den Werken arabisch-alchemistischer Autoritäten wie Ḫālid b. Yazīd, Ǧābir b. Ḥaiyān oder Ibn Umail eine wichtige Rolle in der Überlieferung alchemistischer Weisheit zuerkannt. Siehe zum Beispiel die

2.6.6. Die Fundlegende [6r–7r]

Es folgt eine für die hermetische Literatur typische Fundlegende. Al-Maġribī teilt Ibn Waḥšīya mit, dass sein Scheich ihm von einem Buchfund in Memphis berichtete. Memphis war einst die Hauptstadt des Alten Reiches (von etwa 2700 bis 2200 v. Chr.) und lag am Westufer des Nils ungefähr 20 Kilometer südlich des als Alt-Kairo (*Miṣr al-ᶜatīqa*) bekannten Stadtteils der ägyptischen Hauptstadt entfernt. Die Reste dieser altägyptischen Stadt wurden von dem Kommandeur der arabischen Eroberungstruppen, ᶜAmr b. al-ᶜĀṣ (gest. ca. 42/663), zerstört, so dass im Mittelalter nur noch Ruinen das Bild dieser Stätte prägten. In der arabischen Literatur wurde Memphis als die erste Siedlung und Hauptstadt des nachsintflutlichen Ägyptens identifiziert. Ebenso verknüpfte man mit diesem Ort einige der sich auf das vorislamische Ägypten beziehenden Erzählungen im Qurʾān sowie in den *qiṣaṣ al-anbiyāʾ*, den Berichten über das Leben der Propheten. Darüber hinaus schrieb man auch weiteres legendenhaftes Material diesem Ort zu und zählte Memphis, neben den Pyramiden, zu den Mirabilia (*ᶜaǧāʾib*) Ägyptens. Es ist daher kaum verwunderlich, dass der Autor des Traktats gerade diese antike und sagenumwobene Stätte als Fundort eines geheimnisvollen Buches präsentiert.

Das Buch, von dem al-Maġribīs Scheich berichtete, sei aber kein gewöhnliches gewesen, sondern war in einer von den Kopten nicht mehr verwendeten Sprache geschrieben worden. Die dort ansässige Bevölkerung sei daher nicht im Stande gewesen, es zu lesen, lediglich Hermes, dem Gott Intelligenz und göttliche Führung habe zuteilwerden lassen, vermochte es zu lesen und seinen Inhalt zu verstehen. Tatsächlich handle es sich, so teilt al-Maġribī seinem Gesprächspartner mit, bei diesem Buch um die Tafel des Hermes (*lauḥ Hirmis*), welche aus grünem Smaragd bestehe und mit flüssigem Gold beschrieben worden sei. Es ist hier also die Rede von der *Tabula Smaragdina*, dem Urtext alchemistischer

---

Beschreibung des Tempels in Būṣīr durch den Alchemisten Ibn Umails *Kitāb al-Māʾ al-waraqī wa-l-arḍ an-naǧmīya* (Stapleton / Turāb ᶜAlī: „Three Arabic Treatises" 1–3; Englische Übers. idem 119–21) oder den Bericht über die Inschriften auf Tempeln und Pyramiden bei al-Masᶜūdī: *Murūǧ aḏ-ḏahab* 374–78.

Lehre. Diese aus grünem Smaragd bestehende Tafel enthält nach Auffassung der Alchemisten die Lehre des Hermes Trismegistos.[84] Während Hermes in diesem Traktat als Übersetzer der Tafel präsentiert wird, ist er in den anderen alchemistischen Werken meist ihr eigentlicher Autor.[85] Dies ist nicht die einzige Abweichung zum generellen Konsens der arabischen Alchemisten, denn auch der im Traktat präsentierte Inhalt der Tafel unterscheidet sich deutlich von dem kurzen Text der *Tabula Smaragdina.*[86] Es scheint dem Autor aber viel mehr um die Darstellung des „Offenbarungscharakters" des in diesem Traktat präsentierten Tafelinhalts zu gehen als um den allgemeinen Konsens oder getreue Imitation literarischer Vorbilder. Tatsächlich sind diese Offenbarungserzählungen ein markantes Charakteristikum der hermetischen Ausrichtung arabischer Alchemie.[87] Solche Fundlegenden, in denen über die Auffindung einer seltenen Schrift in Tempeln, Grabkammern oder zu Füßen von Statuen berichtet wird, gehen auf antike Vorbilder zurück. Für diese Strategie der Wissenslegitimation finden sich bereits Beispiele in der altägyptischen Literatur, insbesondere aber in den Literaturen der römischen und griechischen Antike.[88] Neben einer gewissen Exotik vermittelt

84 Die Entdeckung der *Tabula Smaragdina* wird zum ersten Mal im *Kitāb Sirr al-ḫalīqa* beschrieben. Das Werk wird Balīnās (=Apollonios von Tyana) zugeschrieben. Ob die Tafel griechischen Ursprungs ist, konnte trotz einiger Studien bisher noch nicht geklärt werden. Einen Überblick über die bisherige Forschung bietet Vereno: *Studien* 27 f.

85 Idem 35.

86 Eine neue Übersetzung der *Tabula* bietet Regula Forster. Siehe idem: *Das Geheimnis der Geheimnisse* 104.

87 Vgl. z. B. die Berichte in dem hermetischen Werk *ar-Risāla al-maʿrūfa bil-falakīya al-kubrā* (Vereno: *Studien* 180 f.), der *Risālat al-ḥakīm Qaydarūs* (Müller: *Zwei arabische Dialoge* 94 f.), dem ersten Buch der Kyraniden (Toral-Niehoff: *Kitāb Ǧiranīs* 22 u. 53) oder auch die Fundlegende im pseudoaristotelischen *Sirr al-asrār* (Forster: *Das Geheimnis der Geheimnisse* 32). Zum Offenbarungscharakter der hermetischen Literatur siehe insbesondere Festugière: *La révélation d'Hermès Trismégiste* I 319–24 u. II ix f.; Ruska: „Quelques problèmes" 168; Plessner: „Hermes" 47; Vereno: *Studien* 32. Vgl. auch Müller: *Zwei arabische Dialoge* 118, Anm. 2.

88 Siehe Lindsay: *Origins* 39–42 u. Weisser: „Offenbarungsmotive". Eine detailreiche Studie zu Bücherfunden in der griechischen und römischen Antike bietet Speyer: *Bücherfunde.*

die Angabe eines Aufbewahrungsortes den Eindruck von Authentizität und Nachprüfbarkeit des Geschriebenen. Der Schrift wird dadurch eine physische Existenz verliehen:

> Das Deponieren von Urkunden und anderen wichtigen Schriften an besonderen Orten (Tempeln, Archiven, Bibliotheken) – oder doch der Hinweis auf Archive usw. als (angebliche) Aufbewahrungsorte der in Rede stehenden Schriftstücke, um deren Existenz oder mitgeteilten Inhalt als glaubwürdig zu erweisen – ist in der Antike, im Orient und Abendland, weitverbreitet gewesen.[89]

Der in diesem Traktat beschriebene Fund einer dem Hermes zugeschriebenen Tafel ist folglich eine literarische Strategie, durch die dem Gesagten Autorität und Authentizität verliehen wird. Zudem erzeugt der Autor gleichzeitig eine gewisse Distanz zu dem paganen Inhalt des Buches. So gibt Ibn Waḥšīya nach der Durchsicht des Buches seinem Gesprächspartner al-Maġribī zu verstehen, dass die Beschreibung der Eigenschaften Gottes in diesem Buch dem allgemeinen Konsens der Bekenner der Einheit (*al-muwaḥḥidūn*), also den Muslimen, widerspreche. Dies begründet sein Dialogpartner damit, dass das Buch die Meinung der alten ägyptischen Religion wiedergebe und dass dies das Gesetz der Anhänger dieser Kunst sei (*raʾy fī hāḏā l-kitāb huwa dīn al-qibṭ al-qadīm wa-huwa nāmūs aṣḥāb aṣ-ṣanʿa*).[90] Die Autoren geheimwissenschaftlicher Werke wiesen ihrer verkündeten Lehre häufig eine räumliche oder zeitliche Distanz zu. Diese Strategie wird auch in der *Nabatäischen Landwirtschaft* angewandt, in der Ibn Waḥšīya behauptet, er habe das Werk aus chaldäischen Quellen übersetzt. Die Überlieferung paganen Wissens übte sicherlich einen gewissen Reiz des Geheimnisvollen und Verbotenen aus, so dass die Berufung auf antike Quellen vor allem dazu

89 Schoeler: „Schreiben und Veröffentlichen" 4.

90 Fol. 18r. Dem islamischen Glauben widersprechende Lehren werden auch in den beiden hermetischen Schriften, der *Risālat as-Sirr* und der ar-*Risāla al-falakīya al-kubrā,* vertreten. Bereits Ingolf Vereno hat die Frage gestellt, welche Kreise sich solchen Texten gewidmet haben könnten. Vgl. Vereno: *Studien* 36.

gedient haben muss, das Interesse der Leser zu wecken. Diese „Verkaufsstrategie“ erscheint angesichts der beeindruckenden handschriftlichen Überlieferung der *Nabatäischen Landwirtschaft* seine Wirkung nicht verfehlt zu haben.

Im weiteren Verlauf des Gesprächs zwischen al-Maġribī und Ibn Waḥšīya erwähnt der maghrebinische Alchemist, dass sein Scheich Teile des Buches besaß, übersetzt in die Sprache der Kopten.[91] Al-Maġribī, der diese von seinem Scheich erhalten habe, händigt sie einen Tag später, am Sonntag, Ibn Waḥšīya unter der Bedingung der strikten Geheimhaltung aus.[92] Als Ibn Waḥšīya das Buch öffnet, sieht er, dass es bereits aus dem Koptischen ins Arabische übersetzt wurde. Er beginnt daraufhin, dessen Inhalt zur Alchemie wörtlich wiederzugeben.

2.6.7. Der Inhalt der Tafel des Hermes [7r–16v]

Im Anschluss an die Fundlegende erfolgt die Wiedergabe des nun in arabischer Übersetzung vorliegenden Teils zur Alchemie aus der ursprünglich in Memphis gefundenen Tafel des Hermes.

2.6.7.1. Die Entstehung der Welt [7r–10r]

Nach einer kurzen Beschreibung der Attribute Gottes, die stark an die Rhetorik islamisch-theologischer Streitgespräche erinnert,[93] und einer

91 Mit Kopten wurden nicht nur die christliche Minderheit des mittelalterlichen Ägyptens, sondern auch die Alten Ägypter bezeichnet. Vgl. El-Daly: *Egyptology* 21. Die Beschreibung des ursprünglichen Buches zumindest verweist auf die Hieroglyphenschrift (*maᶜmūla ᶜalā ṣ-ṣuwar* [6v]). Die Unterweisung in die Hieroglyphenschrift galt bereits bei den Alten Ägyptern als Einweihung in tiefere Geheimnisse. Siehe Assmann: „Etymographie“ 60. Die griechischen Schriftsteller und Philosophen hielten sie für „symbols of arcane and divine truths“. Siehe Fowden: *The Egyptian Hermes* 63 f.

92 Zu solch dramatisierenden Momenten in der arabisch-alchemistischen Literatur siehe auch Müller: *Zwei arabische Dialoge* 128.

93 Die Nähe der Alchemie zur islamischen Theologie beweist auch das *Kitāb Sirr al-ḫalīqa*. Das erste Buch dieses alchemistischen Werkes widmet sich der Beschreibung Gottes. Siehe Weisser: Das „Buch über das Geheimnis der Schöpfung“ 76. Vgl. auch Rudolph: „La connaissance des Présocratiques“ 167 u. idem: „Kalām im antiken Gewand“. Strategien zur Legitimation der Alchemie durch theologische Argumentation hat Paola Carusi untersucht. Siehe Carusi: „Alchimia islamica e religione“.

Ausführung zur Theorie der Substanz (*ǧauhar*) und der Akzidentien (*aʿrāḍ*), beginnt das Buch eine Schilderung der Entstehung der Welt. Gott erschuf zunächst einen runden Baum, der 70 000 Jahre vor unserer Zeit existierte.[94] Nach dieser Zeit betrachtete er ihn und der Baum beugte sich (*insadara*) vor seinem Blick.[95] Als Gott den Baum ansah, verbrannte er und wurde zu Asche. Diese Asche steht am Anfang des nun folgenden Schöpfungsprozesses. Zunächst entstehen die vier Primärqualitäten: Hitze, Kälte, Feuchtigkeit und Trockenheit.[96]

Im Folgenden werden durch das Wirken der Seele die Planeten und die Fixsterne gebildet.[97] Im Anschluss daran entstehen die vier Elemente

94 Möglicherweise ist die runde Gestalt des Baums inspiriert von der aristotelischen Theorie der runden Bewegung, welche die supralunare Welt bestimme und zugleich die perfekteste sei. Siehe Baudet: *Penser la matière* 41. Das Motiv des Baums ist auch in anderen alchemistischen Schriften bezeugt. Siehe Vereno: *Studien* 302 f. Jedoch ist die in diesem Traktat beschriebene Entstehung der Welt aus dem Zizyphusbaum am äußersten Ende einzigartig.

95 Dies ist ein weiteres Wortspiel des Autors mit der Wurzel *s-d-r*, die sowohl der Bezeichnung für den Ziziphusbaum (*sidra*) als auch dem Verb „sich beugen" (*insadara*) zugrunde liegt.

96 Die gegensätzlichen Qualitäten heiß – kalt bzw. feucht – trocken beschreibt bereits der Vorsokratiker Alkmaion von Kroton (spätes 6. bis frühes 5. Jahrhundert v. Chr.). Siehe von Lippmann: *Entstehung* I 127. Sie wurden von Aristoteles zur Lehre der vier Primärqualitäten weiterentwickelt, die in der arabischen Alchemie in Form der Lehre der „Naturen" (*ṭabāʾiʿ*) weitergeführt ist. Siehe Pingree/Haq: „Ṭabīʿa". Die Entstehung des Kosmos durch die vier Naturen findet sich auch im *Sirr al-ḫalīqa* (siehe Weisser: *Das „Buch über das Geheimnis der Schöpfung"* 91) und in der Unterredung des Aristoteles mit dem Inder Yūhīn. Siehe Müller: *Zwei arabische Dialoge* 45.

97 Als die sieben Planeten werden hier, wie üblich, die fünf sichtbaren Planeten Merkur, Venus, Mars, Jupiter und Saturn sowie die Sonne und der Mond angeführt. Vgl. Kunitzsch: „al-Nudjūm" 101a. Der Traktat bezeichnet diese sieben als *al-kawākib al-mutaḥaiyira* („die sich bewegenden Himmelskörper"). Dieser Begriff wird normalerweise für die fünf sichtbaren Planeten verwendet, während die sieben „Planeten" als *al-kawākib as-saiyāra* bezeichnet werden. Siehe idem. Es ist die Seele, die die Planeten in Bewegung versetzt. Gemäß platonischer Lehre ist es die sich ewig selbstbewegende Weltseele, die jegliche Bewegung erzeugt. Vgl. Platon: *Nomoi* X 896a.

in der sublunaren Welt – auf der Erde.[98] Aufgrund der Bewegungshitze, die sich bei der Umkreisung der Planeten um die Erde bildet, entsteht das Feuer. Durch die planetaren Strahlungen wird das Wasser aus der Erde gepresst. Aus dem Wasser bildet sich aufgrund der Hitze Dampf, der in Berührung mit dem Feuer zu Luft wird. Diese vier Element erhalten nun die vier Primärqualitäten:

Feuer:	heiß – trocken	Luft:	heiß – feucht
Wasser:	kalt – feucht	Erde:	kalt – trocken

Nach weiteren 70 000 Jahren bildet sich aus diesen Elementen die Steine und die Mineralien, die Pflanzen und die Tiere.[99] Dies geschieht durch das Wirken der Seele und den Beistand der Himmelssphäre und der Planeten.

2.6.7.2. DER WETTSTREIT ZWISCHEN SEELE UND VERSTAND [10V–11V]

Die Seele beginnt nun aufgrund dieser Tat hochmütig zu werden und sich gegen den Verstand (*al-ᶜaql*) zu erheben, der gedemütigt Gott aufsucht.[100] Gott rät dem Verstand, eine kleine Person (*šaḫṣ ṣaġīr*) zu erschaffen, die ein Abbild der gesamten Welt würde und somit ein Mikrokosmos.[101] Daraufhin erschafft der Verstand den Menschen und macht

98 Die Elemente können nur in der sublunaren Welt entstehen, da die kreisförmige Bewegung der supralunaren Welt eine Interaktion zwischen den einzelnen Bestandteilen verhindert. Siehe Carusi: „Alchimie et magie" 139.

99 Die vorgenommene Dreiteilung der irdischen Welt in Lebewesen, Pflanzen und Mineralien lässt sich bis in die Antike zurückverfolgen. Vgl. Diwald: *Arabische Philosophie und Wissenschaft* 69.

100 Dieser allegorische Wettstreit ist ganz offensichtlich von der neoplatonischen Lehre der Weltseele (*an-nafs*, entspricht gr. ψυχή τοῦ παντός) und des Intellekts (*al-ᶜaql*, enspricht gr. νοῦς) inspiriert. Eine vom Neoplatonismus beeinflusste Kosmogonie entwirft zum Beispiel auch Ǧābir b. Ḥaiyān. Siehe Kraus: *Jābir* II 136. Ich habe mich für die Übersetzung „Verstand" für den arabischen Begriff *al-ᶜaql* entschieden, da er in dieser allegorischen Darstellung den Verstand des Menschen als Schlüssel zur Erkenntnis der Goldherstellung bezeichnet.

101 Die Vorstellung, dass der Mensch dem Kosmos gleiche, war bereits in der antiken Astrologie verbreitet. Siehe Diwald: *Arabische Philosophie und Wissenschaft* 131.

ihn „zu einer Abbildung der gesamten Welt, ihrem höchsten, niedrigsten und mittleren Punkt".[102] Er erreicht dadurch, dass die Seele ihm gegenüber ihre Niederlage eingesteht. Gott befiehlt daraufhin dem Verstand, seine Wohnstätte im Menschen zu nehmen, woraufhin dieser sich im Gehirn des Menschen niederlässt und ihn dadurch zum Herrscher über die Tiere, Pflanzen und Mineralien werden lässt.

2.6.7.3. Das Vorhandensein des Elixiers im Menschen [11v–13r]

Der Verstand erkundigt sich im Folgenden nach dem Vorhandensein eines medizinischen Nutzens des Menschen.[103] Er erkundigt sich ferner nach einem Stein, den Feuer zum Schmelzen bringt und der im Menschen vorhanden sein soll. Gott antwortet, dass dies in einer Sache des Menschen vereinigt wäre und nennt ihm daraufhin vier Dinge, die im Menschen vorhanden sind. Er lässt ihm die Möglichkeit, das Richtige zu entdecken. Gott nennt die Haare, das Blut, die Galle und die Knochen des Menschen.[104] Es sei dasjenige, das dem Verstand am nächsten ist.

---

102 Fol. 10v.

103 Die Alchemisten stellten sich das Elixier als eine Art Medizin vor, welche die Körper (*ağsām*), d. h. die Metalle, heilen würde. Siehe u. a. Kraus: *Jābir* II 2 f. u. Carusi: „Elixir". So erklärt zum Beispiel der Arzt Ibn al-Akfānī in seiner Beschreibung der Alchemie, dass „die meisten Philosophen eine Medizin herstellen, die sie als Elixier bezeichnen" (*al-ğumhūr min al-ḥukamāʾ yudabbirūna dawāʾan yuʿabbirūna ʿanhu bi-l-iksīr*), vgl. Ibn al-Akfānī: *Kitāb Iršād al-qāṣid* 52 (arabischer Text). Ähnlich äußert sich auch Ḥāǧǧī Ḫalīfa: *Kašf aẓ-ẓunūn* II Sp. 1528: „Und wenn er dies wünscht [d. h. der Alchemist die Umwandlung], dann muss er die Medizin herstellen. Diese wird als Elixier bezeichnet" (*wa-in arāda ḏālika bi-an yudabbira dawāʾan wa-huwa al-muʿabbir ʿanhu bi-l-iksīr*). Im Ǧābir-Korpus werden zudem auch immer wieder Heilmittel animalischen Ursprungs angeführt. Siehe Kraus: *Jābir* II 69 f.

104 Das Elixier konnte sowohl aus mineralischen als auch aus pflanzlichen und animalischen Substanzen gewonnen werden. Siehe Kraus: *Jābir* II 3 f. Seine Herstellung aus tierischen Substanzen, wie z. B. aus Mark, Blut, Haaren und Knochen, gehörte durchaus zu den üblicheren Verfahren. Siehe Ullmann: *Natur- und Geheimwissenschaften* 259. Die Herstellung eines Elixiers aus Galle, Blut oder Haaren wird zum Beispiel auch im *Kitāb Sirr al-asrār* des Abū Bakr Muḥammad b. Zakarīyāʾ ar-Rāzī (gest. 313/925 oder 323/935) beschrieben. Siehe Ruska: „Chemie in ʿIrāq und Persien" 290 f. Insbesondere Blut und Urin scheinen häufig als Ausgangs-

Der Verstand erwidert, dass er es nun erkannt habe, erbittet aber Unterweisung, um diese „Vorteile und schmelzbaren Metalle“ aus diesem Einen herauszuholen. Gott antwortet daraufhin, dass er die Erschaffung des Menschen betrachten solle, um die Methode zu erfahren:

> Beginne für die Erkenntnis über ihn mit der Dekomposition (*taʿfīn*), dann mit der Zerteilung (*tafṣīl*), dann in der Art und Weise, wie du mit dem Menschen verfahren bist, bis er zu einem lebendigen und sprachbegabten Menschen wurde.[105]

Eine genaue Beschreibung der Goldherstellung liefert der Traktat folglich nicht. Dennoch erwidert der Verstand, dass er es jetzt verstanden habe und beginnt mit der Goldherstellung.

2.6.7.4. DIE GOLDHERSTELLUNG [13V–14V]

Es folgt die Beschreibung der Goldherstellung durch den Verstand. Bis die verwendete Substanz zu Gold wird, durchläuft sie die Stadien der sechs übrigen Metalle:

> Daraufhin, nachdem er sich eifrig seinem Werk und seiner Kunst (*ṣanʿa*) gewidmet hatte, sah er es in einem seiner Zustände, gleich dem Quecksilber (*zaibaq*). Daraufhin sah er es in einem anderen Zustand gleich dem Blei (*raṣāṣ*), danach ging es in einen anderen Zustand über und wurde wie das Schwarzblei (*usrub*), aus dem nichts gewonnen werden kann. Danach veränderte es sich wieder und wurde wie schwarzes, festes, ruhiges Eisen (*ḥadīd*). Danach veränderte es sich ein weiteres Mal und seine Zustände wechselten dadurch, bis es wurde, als sei es Kupfer

stoffe für das Elixier gedient zu haben. Siehe Joosse: „‘Unmasking the Craft’“ 311.

105 Fols 13r–v. *Taʿfīn* bezeichnet die Putrefaktion oder Dekomposition durch Wärme, für die häufig Pferdemist verwendet wurde. Siehe Ullmann: *Natur- und Geheimwissenschaften* 261 u. 263. *Tafṣīl* scheint eine synonyme Bezeichnung für das häufig erwähnte Verfahren *tafrīq* („Trennung“) zu sein (idem 264).

> (*nuḥās*), sich von ihm in nichts unterscheidend. Dann wurde es daraufhin zu Silber (*fiḍḍa*) wie das mineralische Silber. Danach, nach dem Silber, wurde es zu rotem, schmelzbarem, standfestem, beständigem, nicht vergänglichem und nicht veränderbarem Gold.[106]

Die hier beschriebene Entwicklung des Metalls zu Gold entspricht der Ansicht der Alchemisten, dass die Metalle alle der selben Art angehören würden und dass sie in der Erde sich langsam von dem unedelsten der Metalle, dem Blei, hin zum edelsten, dem Gold, entwickeln würden. Das Elixier oder der Stein der Weisen würde diesen Prozess lediglich beschleunigen.[107] Die Siebenzahl der Metalle spielte bereits bei den Griechen eine große Rolle. Als kanonisch galten Blei, Zinn, Eisen, Kupfer, Quecksilber, Silber und Gold. Diese wurden mit den sieben damals bekannten Planeten in Verbindung gesetzt.[108]

Dem Prozess der Umwandlung folgt die Erkenntnis des Verstandes, dass der Mensch einen großen Nutzen in sich trägt und durch das Elixier Metalle umgewandelt, aber auch Krankheiten gelindert werden könnten.[109]

2.6.7.5. Die Bedeutsamkeit alchemistischen Wissens [14v–16v]

Nach der Herstellung von Gold preist der Verstand Gott und bringt ihm gegenüber seine Verwunderung über die „großartigen Dinge und die überwältigenden, zahlreichen, außergewöhnlichen Wunder“ im Menschen zum Ausdruck. Er hoffe, dass ein verständiger Mensch Ähnliches bewerkstelligen könne und dadurch ein „heimlicher König“ würde, der „besser als der tatsächliche König“ sei. Gott erwidert, dass er das Wissen über diese Kunst nur ausgewählten Dienern Gottes zuteil werden lasse, die dem Verstand folgten, der Seele gegenüber hingegen ungehorsam seien. Sollte einer dieser Diener das Wissen missbrauchen und seinen

106 Fol. 13v.

107 Lory: „Kimiā“.

108 Siehe Baudet: *Penser la matière* 47.

109 Mineralpulver wurden häufig als Zusätze zu Augenschminke und als Augenheilmittel verwendet. Siehe Ruska: „Mineralogie“ 344.

Reichtum als Rechtfertigung für Blutvergießen heranziehen, dann würden ihm ungeheuerliche Qualen zuteil, die sich über Jahrtausende erstreckten. Abschließend stellt der Verstand fest, dass derjenige, der das Wissen über die Kunst erhält, zahlreiche weitere Kenntnisse erlangen wird. Er wird die Wahrheit über das Werden und Vergehen (*al-kaun wa-l-fasād*) erfahren, die Kenntnis über die Heilkraft der Heilmittel und Pflanzen erhalten und er wird die Astrologie, die Talismankunde, die weiße und schwarze Magie und die weiteren okkulten Wissenschaften verstehen.[110] Hiermit endet die Wiedergabe des Buches.

2.6.8. Rückgabe des Buches [16v–17r]

Nach Wiedergabe dieser Allegorie berichtet Ibn Waḥšīya, dass er jeder einzelnen Wissenschaft, die in diesem Buch enthalten war, ein eigenes Buch gewidmet habe. Er habe darüber hinaus Ergänzungen von dem, was er von anderen gehört habe, hinzugefügt:

> Ich habe sie [d. h. die Kunst der Alchemie] in dieses mein Buch übertragen. Was die Talismankunde, die Magie, das Aufsagen von Zauberformeln und die weiße Magie angeht, die in jenem Buch enthalten waren, so habe ich jeder einzelnen [Kunst] davon ein Buch gewidmet, in dem ich diese gesamte Kunst mit ihren Ursachen und Gründen dargestellt habe. [...] Ich habe Ergänzungen über diese Wissenschaften hinzugefügt mit dem, was ich in al-Maġribīs Buch gefunden habe, was ich selbst entdeckt habe, was ich gehört habe aus dem Mund der Männer und was ich mit eigenen Augen gesehen habe von den Taten einiger Leute, die ich getroffen habe.[111]

110 Vgl. auch die Einleitung der *Rutbat al-ḥakīm*, in der die Adepten zu einer propädeutischen Grundausbildung aufgefordert werden. Siehe Carusi: „Alchimia islamica e religione" 491 f. Der höchste Rang wird der Alchemie (*kīmiyāʾ*) und der Magie (*sīmiyāʾ*) zuerkannt, welche als operative Wissenschaften die beiden Resultate (*natīǧatān*) der intellektuellen Wissenschaften darstellen. Siehe Carusi: „Alchimie et magie" 142 f.

111 Fol. 16v.

Nachdem er das Buch abgeschrieben hat, gibt er es al-Maġribī zurück, bedankt sich und verspricht ihm, die Erinnerung an ihn zu wahren:

> Ich werde fortwährend in meinen Gebeten für dich beten und dir Anteil geben an zahlreichen Almosen während meines ganzen Lebens. Ich werde dich überall erwähnen, während du lebst, und nach deinem Tod. [...] Ich werde Bücher verfassen und sie auf dich zurückführen.[112]

Das hier erwähnte Versprechen, sich in Zukunft auf den Scheich als Gewährsmann zu berufen, verdeutlicht noch einmal die Bedeutung, die der Unterweisung durch einen Meister im Bereich der Alchemie zukam.

2.6.9. Abschließende Diskussion über den Buchinhalt [17r–21v]

Im Anschluss setzt eine Diskussion zwischen Ibn Waḥšīya und al-Maġribī al-Qamarī über den Inhalt des Buches ein. Zunächst fragt Ibn Waḥšīya nach der Wahrhaftigkeit der Alchemie und nach Hinweisen hierfür, worauf al-Maġribī antwortet, dass eine Erklärung zu lang wäre und er versuchen werde, dies kurz zusammenzufassen, was allerdings nicht geschieht. Die Diskussion dreht sich dann um die in diesem Buch erwähnten Eigenschaften Gottes, die im Widerspruch zu der Meinung der Bekenner der Einheit (*al-muwaḥḥidūn*), also der Muslime, stünden. Dies begründet der Scheich damit, dass das Buch die alte Religion der Kopten *(dīn al-qibṭ al-qadīm)* und das Gesetz der Anhänger dieser Kunst (*nāmūs aṣḥāb aṣ-ṣanʿa*) wiedergebe. Es folgt eine Diskussion über die Eigenschaften des Verstandes und der Seele, die weder Körper noch Akzidentien seien, sondern Substanzen, und über den Menschen, der den Mikrokosmos darstelle.

Danach diskutieren die beiden Protagonisten darüber, ob im Menschen tatsächlich etwas vorhanden sei, aus dem Silber und Gold entstehen könne. Al-Maġribī kommt auf die Quecksilber-Schwefel-Theorie zu sprechen.[113] So sei die Entstehung (*at-takwīn*) von Gold und Silber nur

112 Fols 16v–17r.

113 Die Schwefel-Quecksilber-Theorie besagt, dass sämtliche Stoffe aus Schwefel und Quecksilber bestehen. Sie ist in der arabischen Alchemie sehr verbreitet gewesen. Siehe Diwald: *Arabische Philosophie und Wis-*

durch die Vereinigung von Quecksilber und Schwefel zu begründen, die durch die Hitze im Inneren der Erde gekocht und sich durch die Länge des Kochvorgangs vermischen würden.[114] Al-Maġribī vergleicht den Elixier-Vorgang mit dem natürlichen Prozess der „Goldkochung", der sich in nichts von letzterem unterscheide. Es folgt eine Diskussion darüber, warum das Elixier nur im Menschen vorhanden sein könne. Im Menschen allein seien Ausgewogenheit (*iʿtidāl*), Seele (*nafs*) und lebendiger Geist (*rūḥ ḥaiya*) gemeinsam vorhanden, so dass nur in ihm das Elixier gefunden werden könne.

Sodann kommt Ibn Waḥšīya auf die Metalle zu sprechen. Er fragt den Scheich, wie sich etwas, das dem Menschen so fern sei wie die Metalle, die weder wüchsen noch lebendig seien, sich mit etwas aus dem Menschen vermischen könne. Al-Maġribī führt daraufhin die Seele an, welche die Metalle zu bezwingen und zu unterwerfen im Stande sei. Weitere Rückfragen Ibn Waḥšīyas werden durch al-Maġribī ausweichend und mit rätselhaften Äußerungen beantwortet. Letztlich bittet er Gott um Vergebung für die Enthüllung dessen, was noch kein anderer vor ihm aufgedeckt habe. Regula Forster hat darauf hingewiesen, dass die Ermahnungen zur Geheimhaltung im Kontext der Meister-Schüler-Beziehung zum einen eine starke Abgrenzung nach außen (d. h. gegenüber den Nicht-Eingeweihten dieser Kunst) implizieren, zum anderen, durch die Auferlegung der Geheimhaltungspflicht, eine Integration nach innen.[115] Dies entspricht ganz der elitären Ausrichtung der Alchemie, die hohe Anforderungen an ihre Adepten stellt.[116]

---

senschaft 80–2. „Quecksilber" und „Schwefel" bezeichneten jedoch nicht unbedingt die beiden chemischen Elemente Hg und S, sondern deuteten häufig auf die beiden Prinzipien der Flüssigkeit und der Entflammbarkeit hin. Siehe Ullmann: „al-Kīmiyāʾ".

114 Die Entstehung von Gold durch „Kochung" von Quecksilber und Schwefel im heißen Erdinneren wird auch von den Iḫwān aṣ-ṣafāʾ beschrieben. Siehe Diwald: *Arabische Philosophie und Wissenschaft* 83 f.

115 Forster: „Auf der Suche nach Gold und Gott".

116 Vgl. die Aufzählung der notwendigen Eigenschaften, über die der Adept verfügen muss, und die Qualen, die er bei Verstoß gegen diese Grundsätze erleiden muss. Siehe fol. 15r–v.

2.6.10. Das Ende des Traktats [21v–22r]

Der Traktat endet mit einer letzten Aussage al-Maġribīs, dass die hohen, geistigen und erhabenen Wesen (*al-ašḫāṣ al-ᶜāliya ar-rūḥānīya ar-rafīᶜa*)[117] besser seien als der Mensch, obwohl das Buch, das er erwähnt habe, den Menschen an Rang über diese erhöht hätte. Ibn Waḥšīya nimmt nach anfänglichem Zögern seine Meinung an.[118]

2.7. Schlussbemerkung

Das alchemistische Werk *Kitāb Sidrat al-muntahā* präsentiert in der Form eines fiktiven Dialogs zwischen Ibn Waḥšīya und dem Alchemisten al-Maġribī al-Qamarī den Inhalt eines angeblich in Memphis gefundenen Buches, das die „Tafel des Hermes" sei. Dieses Buch enthält die Beschreibung einer Kosmogonie und berichtet über einen Wettstreit zwischen Seele und Verstand, der mit der Erschaffung des Menschen durch den Verstand endet. Nachdem der Verstand sich im Gehirn des Menschen niedergelassen hat, erfährt er durch Gott, dass das Elixier sich im Körper des Menschen befindet und stellt daraufhin Gold her. In dieser Allegorie stellt folglich der mit Verstand ausgestattete Mensch den Schlüssel für die Transmutation von unedlen Metallen in Gold dar. Der Text zeichnet ein anthropozentrisches Bild, das ein noch völlig uneingeschränktes Vertrauen in die zentrale Stellung des Menschen innerhalb der göttlichen Schöpfung widerspiegelt. Der Verstand, eine Gabe, die dem Menschen durch Gott zuteil wurde, ermöglicht es ihm, die Prozesse in der Natur zu verstehen. Er wird durch die Verleihung der Verstandeskraft zum Herrscher über Tiere, Pflanzen und Metalle und erkennt mit dem Beistand Gottes und der Hilfe seines Verstandes das Verfahren (*at-tadbīr*) zur Goldherstellung.

Das *Kitāb Sidrat al-muntahā* gehört zu den esoterisch-allegorischen

117 Hiermit sind wohl Engel gemeint. Vgl. die Aussage der Iḫwān aṣ-ṣafāʾ über Engel und Geisteswesen. Siehe Diwald: *Arabische Philosophie und Wissenschaft* 75. Ingolf Vereno übersetzt *rūḥānīya* als „Geistwesen". Vgl. Vereno: *Studien* 142, Anm. 18.

118 Dem Menschen wurde generell die Vorrangstellung gegenüber den Engeln eingeräumt, da deren Wissen und Taten im Gegensatz zum Menschen begrenzt seien (*maḥdūd*). Vgl. Arnaldez: „Insān" 1238a.

Schriften, die einen großen Teil der arabisch-alchemistischen Literatur darstellen. Donald R. Hill hat im Bezug auf die Alchemie angemerkt, dass „much of the obscurity of the subject is due to its esoteric nature and the consequent use made by its practitioners of analogy, allusion and cryptic utterances.“[119] Der hier untersuchte Traktat enthält weder detaillierte Rezepte noch eine zusammenhängende Beschreibung des Verfahrens der Goldherstellung, wie sie etwa in den Schriften des Arztes, Philosophen und Alchemisten ar-Rāzī zu finden sind.[120] Der eigentliche Ablauf des Verfahrens wird auch nach der Lektüre des Traktats nicht ganz deutlich, obwohl gerade der Text selbst stipuliert, die Geheimnisse der Kunst in einer noch nie da gewesenen Weise offenbart zu haben.[121] Dies ist charakteristisch für die in Ägypten entstandenen hermetischen Pseudepigraphe, welche die Tradition der hellenistischen Alchemie in neuem Gewand weiterführten.[122] Für die Anhänger dieser Ausrichtung der Alchemie scheint die Fortführung der literarischen Tradition im Vordergrund gestanden zu haben, während die experimentelle Vorgehensweise kaum eine Rolle gespielt haben dürfte.[123] Besonderes Interesse verdient die der Unterweisung in die Goldherstellung vorausgehende Kosmogonie. In der Tat spiegelt der Schöpfungsprozess der Welt die Arbeit des Alchemisten wider, dessen Werk (*al-ᶜamal*) selbst einen Schöpfungsprozess darstellt. Die italienische Alchemie-Historikerin Paola Carusi bringt dies auf den Punkt, wenn sie zusammenfassend feststellt:

---

119 Hill: „Arabic Alchemy“ 328.

120 Zu ar-Rāzīs Werk siehe u. a. die Darstellung von Manfred Ullmann: *Geheim- und Naturwissenschaften* 210–13.

121 Siehe fol. 21r. Dies gehört zu den Topoi alchemistischer Literatur. Siehe Müller: *Zwei arabische Dialoge* 118.

122 Julius Ruska stellte die Hypothese auf, dass zwei unabhängige Schulen, eine mit allegorisch-literarischer Ausrichtung in Ägypten und eine auf praktisch-naturwissenschaftlichen Erkenntnissen fußende Schule im Osten existierten. Vgl. Ruska: „Studien“ 341 f. Fuat Sezgin hat diese Theorie angezweifelt. Siehe Sezgin: *GAS* IV 156 u. 159. Ob das zur Verfügung stehende Quellenmaterial Auskunft darüber erteilen kann, bleibt zu bezweifeln.

123 Siehe Ruska: *Turba Philosophorum* 296 u. 318–23.

> For the alchemist, who observes his work in the process of formation, what he performs in his laboratory is a real act of creation (cosmogony): his product is the cosmos, and the alchemist its creator.[124]

Diesen Schöpfungsprozess, so Carusi, würden Alchemisten in der Form von Allegorien darstellen, die sie sowohl wissenschaftlichen wie auch literarischen Texten, Gedichten und mythologischen Erzählungen entlehnen.[125] Das *Kitāb Sidrat al-muntahā* ist ein eindrucksvolles Beispiel für diese Art der Darstellung alchemistischer Lehre, indem in relativ eklektischer Weise philosophische, theologische und mythologische Konzepte präsentiert werden. Es ist jedoch weniger das Auseinanderdividieren der einzelnen Konzepte und Ideen, die hier in einem Amalgam präsentiert werden, das für die Erforschung der Alchemie neuen Erkenntnisgewinn bedeuten würde. Vielmehr sind es insbesondere soziologische Fragestellungen zu den Akteuren, den Praktiken und der Wissensproduktion und -vermittlung, die im Bereich der arabischen Alchemie bisher kaum untersucht wurden. Angesichts der zum großen Teil noch völlig unerschlossenen Quellen im Bereich der arabischen Geheimwissenschaften wird jedoch zunächst die philologische Erschließung der Handschriftenbestände unabdinglich sein. Nur so kann letztlich mehr über die Verbreitung von Texten und deren Einbindung in den alchemistischen Lehrbetrieb in Erfahrung gebracht werden. Die Herausgabe und Übersetzung des *Kitāb Sidrat al-muntahā* soll hier einen Beitrag leisten und die Kenntnis über die überaus eindrucksvolle und facettenreiche Bandbreite alchemistischer Texte erweitern.

Da dieses Werk in vielerlei Hinsicht relativ einzigartig aus dem großen Korpus alchemistischer Schriften heraussticht, liefert es selbst einen Beweis dafür, dass der Bereich der arabischen Alchemie bisher noch völlig unzulänglich erforscht ist. Die zukünftige Forschung wird möglicherweise weitere Anhaltspunkte für die kultur- und geistesgeschichtliche Einordnung dieses außergewöhnlichen Beispiels alchemistischer Beschäftigung in Ägypten zu Tage fördern. Sie wird wohl auch

124 Carusi: „Alchemy" 25b.

125 Idem.

weitere Fragen und Aspekte beantworten können, deren Erörterung mir nicht möglich war. Es wäre wünschenswert, wenn die arabische Alchemie als Forschungsgegenstand wieder mehr in das Zentrum wissenschaftlichen Interesses rückt. Dies würde sicherlich, um mit Ibn Waḥšīyas Worten zu schließen, „den Kummer der Betrübten unter den Schülern dieser Kunst zerstreuen und ihnen Zweifel und Sorge nehmen".[126]

126 Fol. 21r.

3. Zur Edition und Übersetzung

3.1. Die Geschichte der Handschrift

Der hier präsentierte alchemistische Traktat wird in der Sammelhandschrift (*maǧmūʿa*) orient. A. 1162 (Arab. 1697) der Forschungsbibliothek Gotha überliefert.[127] Das Manuskript erwarb der deutsche Arzt, Orientalist und Forschungsreisende Ulrich Jasper Seetzen (1767–1811) in Kairo während seiner Reise durch den Nahen Osten zu Beginn des 19. Jahrhunderts. Der Kauf der Handschrift ist durch den Vermerk Seetzens auf fol. 1r der Handschrift ersichtlich. Er lautet „Kahira 1809 No. 1552" und ist mit seiner Unterschrift versehen. Seetzen, der im Auftrag der Herzöge von Sachsen-Gotha-Altenburg, Ernst II. (1745–1804) und August (1772–1822), reiste und für diese astronomische Geräte, Artefakte und Handschriften sammelte, sandte die Handschrift zusammen mit anderen Erwerbungen zurück an seine Auftraggeber in Deutschland. Er selbst kehrte nicht mehr von seiner Nahostreise zurück, sondern verstarb unter ungeklärten Umständen 1811 im Jemen. Die Handschrift wird seitdem in der Gothaer Bibliothek aufbewahrt. Die Abschrift des Traktats wurde in der Ortschaft Minyat Banī Ḫaṣīb in der oberägyptischen Provinz al-Ušmūnain am Donnerstag, dem 17. Rabīʿ al-Āḫir 1000 / 1. Februar 1592, durch den Kopisten Yūḥannā b. Ġubair b. Abī l-Faraǧ al-Manfalūṭī beendet.[128] Er entstammte einer koptischen Familie aus der am Westufer des Nils nördlich von Asyūṭ gelegen Stadt Manfalūṭ. Die Stadt wies im 10./16. Jahrhunderts eine bedeutende koptische Minderheit auf.[129]

127 Wilhelm Pertsch reihte die Schrift unter der Rubrik Philosophie und nicht unter der Rubrik Geheimwissenschaften ein. Vgl. Pertsch: *Katalog* II 375.

128 Zu Minyat Banī Ḫaṣīb siehe Halm: *Ägypten* I 126; Ramzī: *Qāmūs* II.3 196–98. Diese Ortschaft war ein bedeutendes christliches Zentrum im Mittelalter und ist auch heute noch für die koptisch-katholische Kirche Ägyptens von Bedeutung. Siehe Timm: *Das christlich-koptische Ägypten* IV 1653–56.

129 Zu Manfalūṭ siehe Timm: *Das christlich-koptische Ägypten* IV 1558–60; Halm: *Ägypten* I 101; Ramzī: *Qāmūs* II.4 78.

Der Bruder des Kopisten, Hibat Allāh b. Ġubair b. Abī l-Farağ b. Ġabriyāl b. Faḍl Allāh, arbeitete als Sekretär in einer Kanzlei in Ğirğa, südlich von Aḫmīm.[130] Über den Kopisten selbst ist nichts weiter bekannt. Er muss noch zu Beginn des 11./17. Jahrhunderts gelebt haben, denn im Jahr 1014/1605–06 erwarb er eine heute im Koptischen Museum in Kairo aufbewahrte Handschrift.[131]

3.2. Beschreibung der Handschrift

Forschungsbibliothek Gotha, MS orient. A. 1162 (Arab. 1697). Sammelhandschrift *(mağmūʿa).* Papier. 24 Folia (20,5 x 15 cm) mit einem Satzspiegel von 14 x 10 cm. Zeilenzahl pro Seite: 17. Schriftduktus: gewöhnliches *nasḫī,* durchgängig von einer Hand geschrieben. Europäischer Ledereinband.

Das *Kitāb Sidrat al-muntahā* beginnt mit dem Titelblatt auf fol. 1r. Es folgt der mit der *Basmala* eingeleitete Text [2r–22r]. Die restlichen Folia der Handschrift [22v–24v] enthalten Rezepte zu Färbemitteln und Tinten.[132] Am Rand von fol. 2v, 3r u. 4r befinden sich Ergänzungen zu den einzelnen Gruppen, deren Doktrinen und Rituale hier aufgeführt werden. Diese Ergänzungen wurden, da sie zum Verständnis beitragen, in den Text integriert und im Apparat vermerkt. Am Rand von Folio 5v und 18r sind Korrekturen angebracht. Folio 14r und 15v weisen Ergänzungen des Textes *in margine* auf. Folio 6r endet mit einer Zeile, die am Rand fortgeführt wird. Auf Folio 13v wurde eine Tilgungsmarkierung im Text angebracht. Auf den Verso-Seiten des Manuskripts befinden sich jeweils Kustoden. Der Text enthält keine Kapitelüberschriften, ist aber durch deutlich fetter geschriebene Rubren lose untergliedert. Diese bestehen unter anderem aus den die direkte Rede einleitenden Wörtern: *qāla Ibn Waḥšīya, qāla l-Maġribī, qultu,* etc. Die Blätter tragen eine frühere und von europäischer Hand geschriebene fehlerhafte Paginierung, die durchgestrichen und durch eine von einer weiteren europäischen

130 Sidarus: *Ibn ar-Rāhibs Leben und Werk* 46, Anm. 47.
131 Simaika/ʿAbd al-Masīḥ: *Catalogue* I 25 (MS 44).
132 Vgl. Pertsch: *Katalog* II 376.

Hand geschriebene korrekte Paginierung ersetzt wurde. Es ist zudem eine Nummerierung der Lagen in arabischer Schrift vorhanden. Sie setzt ein auf fol. 2r mit 8/4. Es wird dann jeweils bis 10 gezählt, so dass das Ende des Traktats auf fol. 22r die Lagennummerierung 8/6 aufweist.

3.3. Orthographische und grammatikalische Besonderheiten

Die Sprache folgt weitestgehend den Regeln der klassischen arabischen Sprache, mit wenigen Einflüssen der als „Mittelarabisch" bezeichneten Varietät.[133]

- Vokalisierungen sind kaum angegeben.
- *šadda* wird sehr selten gesetzt.
- *tāʾ marbūṭa* wird durch *hāʾ* wiedergegeben.
- *alif maqṣūra* wird teils als *yāʾ*, teils als einfaches *alif* geschrieben.
- Es fehlen des öfteren diakritische Zeichen. So schreibt der Kopist zum Beispiel *ʿain* anstatt *ġain*.
- Die Schreibung *tāʾ* anstatt *ṯāʾ*, *dāl* anstatt *ḏāl*, oder *ṭāʾ* anstatt *ẓāʾ* sind eher mittelarabischen Lautverschiebungen geschuldet als der fehlenden Punktierung durch den Kopisten.
- *hamza* wird im Wortanlaut nicht geschrieben. In der Wortmitte wird der Hamzaträger meist durch Langvokale wiedergegeben, z. B. *khalāyiq* anstatt *khalāʾiq* oder *kāyin* anstatt *kāʾin*.[134] Das Hamza fehlt meist am Wortende, wenn ein langer Vokal vorangeht, also *rajā* anstatt *rajāʾ*.
- Es kommt gelegentlich zu regelwidriger Verwendung von Präpositionen, z. B. *baʿīd min* anstatt *baʿīd ʿan*.[135]

---

133 Die Bezeichnung Mittelarabisch wird zum einen für die Bezeichnung einer Zwischenstufe zwischen dem klassischen Arabisch und den modernen arabischen Dialekten verwendet. Zum anderen werden unter diesem Begriff vulgarisierende Tendenzen des Schriftarabischen subsumiert, wie sie insbesondere bei christlichen und jüdischen Autoren auftreten. Siehe Graf: *Vulgär-Arabisch* und Blau: *Grammar*. Einen aktuellen Überblick über die Schwierigkeiten, Mittelarabisch zu definieren, und dessen wichtigste Charakteristika liefert Jérôme Lentin: „Middle Arabic".

134 Vgl. Graf: *Vulgär-Arabisch* 10. Die Lautentwicklung zeichnet Joshua Blau nach. Siehe Blau: *Grammar* I 92–105.

135 Vgl. Graf: *Vulgär-Arabisch* 49–52.

- In der Kasusflexion kommt es gelegentlich zu Regelabweichungen: 1.) Verwendung des Nominativs anstatt des Genitivs: Ġubayr b. Abū al-Farağ anstatt Ġubair b. Abī al-Farağ [1r]. 2.) Verwendung des Nominativs anstatt des Akkusativs: *kāna ḏālika lāzim* anstatt *lāziman* [2r] oder *ṣārat al-ḥaraka šaiʾun mutaḥarrikun* anstatt *šaiʾan mutaḥarrikan* [7v]. 3.) Verwendung des Akkusativs anstatt des Nominativs: *lā yuṣaddiq bi-hī aḥadan.*[136]
- Das Diptotum *aḥmar* („rot") erhält eine triptotische Akkusativendung, also *aḥmaran* [13v].
- Das zweite *wāw* des in der 3. Person Pl. deklinierten nominalen Demonstrativums *ḏū* („der Besitzer, Herr von ..., der mit ...") fehlt, geschrieben wird also lediglich *ḏū* anstatt *ḏawū.*

3.4. Editionsprinzipien und verwendete Siglen

Da für das *Kitāb Sidrat al-muntahā* nur ein Textzeuge vorliegt, entfiel die Kollationierung. Für die Anfertigung dieser diplomatischen Edition konnte ich auf Reader-Printer-Kopien der Handschrift zurückgreifen. Gemeinsam mit Frau Prof. Dr. Regula Forster hatte ich zudem die Möglichkeit, das Original in Gotha einzusehen.

Für die bessere Lesbarkeit wurde die Hamzaschreibung und die Orthographie dem modernen Usus angeglichen. Es wurden zudem, wenn auch mit Zurückhaltung, Interpunktionszeichen zur Gliederung des Texts eingefügt. Grammatische Irregularitäten wurden nur korrigiert, wenn sie das korrekte Verständnis des Textes deutlich beeinträchtigt hätten. Die Korrekturen sind im Apparat vermerkt.

Auf die Parallelsetzung des arabischen Texts mit der deutlich längeren deutschen Übersetzung wurde aufgrund typographischer Erwägungen verzichtet. Der deutsche Text folgt daher dem arabischen Text. Um auch dem des Arabischen nicht kundigen Leser einen Eindruck des Stils zu vermitteln, habe ich mich für eine möglichst textgetreue Übersetzung entschieden. Stilistische Eigenheiten des Arabischen konnten aber nicht immer im Deutschen beibehalten werden. Ich sah mich zudem außer Stande, die Verse in gereimter Form wiederzugeben.

136 Vgl. Graf: *Vulgär-Arabisch* 23.

Die verwendeten Siglen im arabischen Text:

[١و]	zeigt am Seitenrand die Foliierung an (hier: fol. 1r)
|	markiert den Folienwechsel im Text
[ ]	Konjekturale Ergänzung
+...+	Korruptele

Die verwendeten Siglen in der Übersetzung:

[1r]	markiert im Text den Folienwechsel und zeigt die entsprechende Foliierung an
( )	arabische Termini werden in runden Klammern der Übersetzung nachgestellt
[ ]	Ergänzungen durch den Verfasser zum besseren Verständnis des Textes erfolgen in eckigen Klammern
[ ]	Konjekturale Ergänzung
+...+	Korruptele

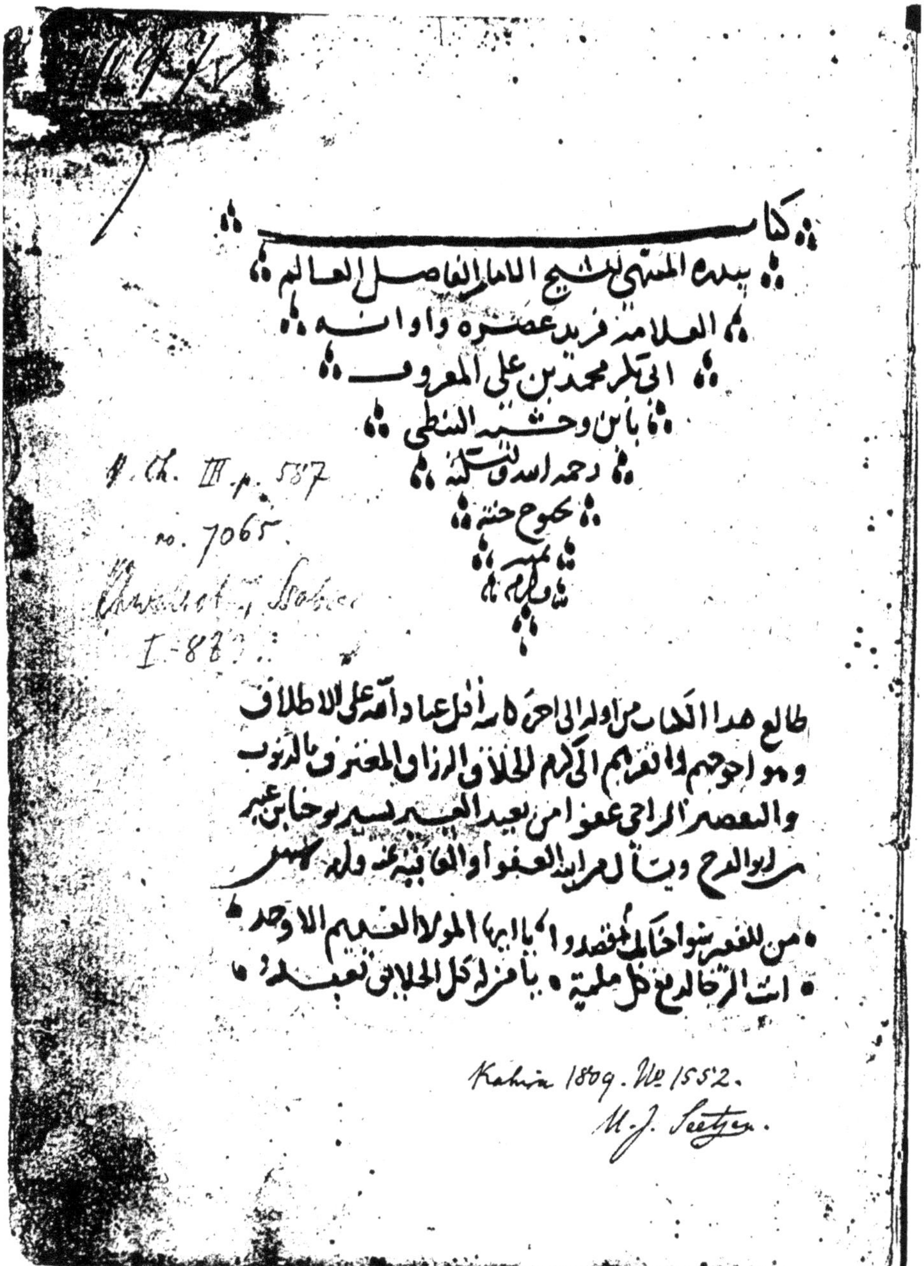
كتاب
بيدع المنتهي للشيخ الامام الفاضل العالم
العلامة فريد عصره واوانه
ابي بكر محمد بن علي المعروف
بابن وحشية النبطي
رحمه الله تعالى
[illegible]

H. Ch. III. p. 587
no. 7065
[illegible]
I - 88[illegible]

طالع هذا الكتاب من اوله الى اخره [illegible] على الاطلاق
[illegible]
[illegible]
[illegible]

[illegible]
[illegible]

Kahira 1809. No 1552.
U. J. Seetzen.

Folio 1r

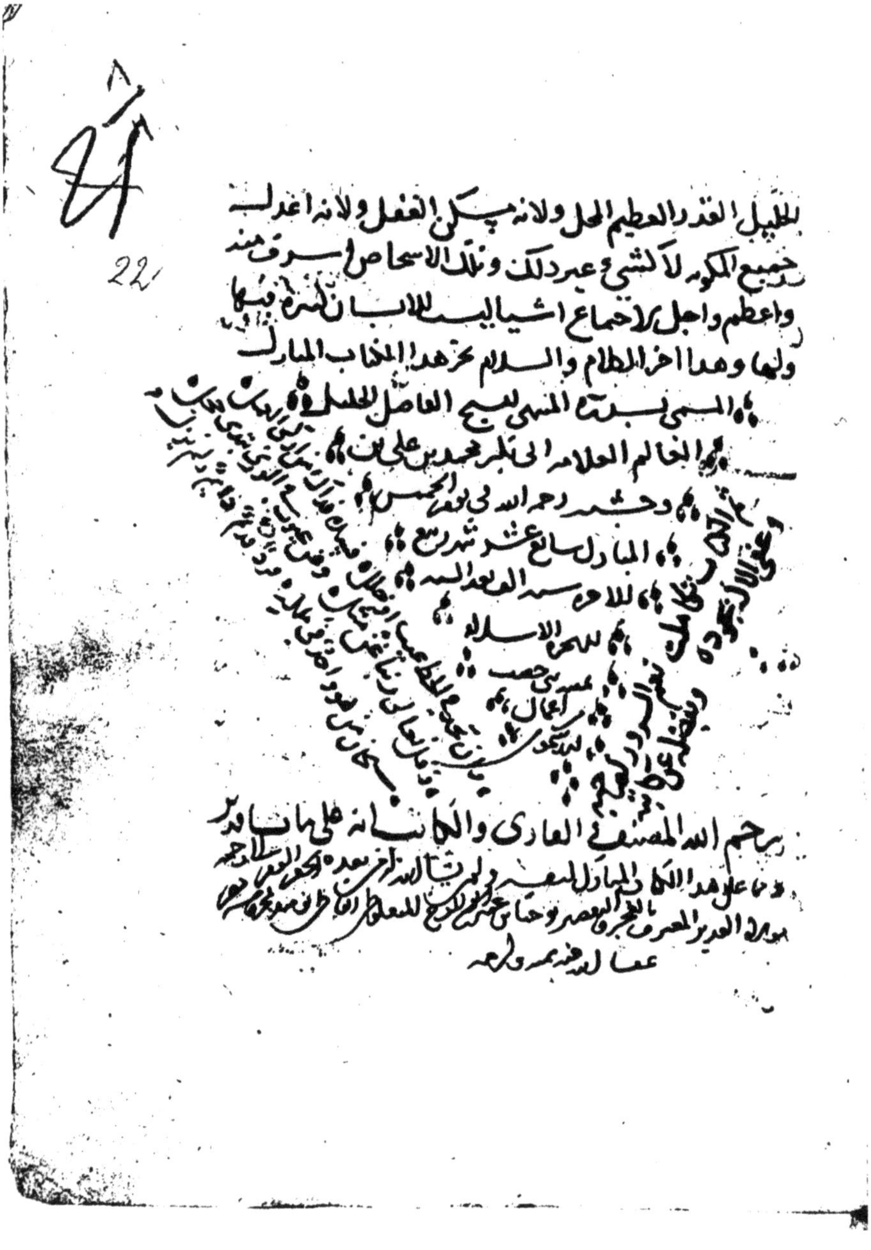

Folio 22r

4. Der arabische Text

[١و]

كتاب سدرة المنتهى

للشيخ الإمام الفاضل العالم العلّامة فريد عصره وآوانه أبي بكر محمّد بن عليّ المعروف بابن وحشيّة النبطيّ رحمه الله وأسكنه بُحبُوح جنّته بمنّه وكرمه. طالع هذا الكتاب من أوّله إلى آخره كأنّه أقلّ عباد الله على الإطلاق وهو أحوجهم وأفقرهم إلى كرم الخلّاق والرزّاق المعترف بالذنوب والتقصير الراجي عفواً من يعيد العسير يسيراً يوحنّا بن غبير بن أبي الفرج ويسأل من الله العفو والعافية بمنّه وكرمه. [آمين].

من للفقير سوى حنانك مقصد   يا أيّها المولى القديم الأوحد
أنت الرجاء لرفع كلّ ملمّة   يا من له كلّ الخلائق تعبد

---

٥ يسيراً] صحّ يسير. ٥ أبي] صحّ أبو. ٦ والعافية] صحّ أو العافية. ٧ مقصد] صحّ مقصدوا.

| بِسمِ اللّٰه الرحمٰن الرحيم وبه أكتفي. [١ظ]

قال أبو بكر محمّد بن عليّ المعروف بابن وحشيّة رحمه اللّٰه: لم تزل الحكماء من الأمم السالفة والقرون الخالية يحتالون في إظهار حكمهم وتقوية ما يرون تقويته بحجّة ودحض ما يرون إدحاضه بالاحتجاج عليه بضروب من الحيل. ويودعون ذلك بالكتب والدفاتر ليبقى بعدهم ويصل إلى من يأتي ويخرج في الزمان من بعد ذلك بالإيضاح والبيان. لمّا يريدون إظهاره بعد بطول شرحه فلمّا رأوا أنّ بقاء إفصاحهم لا سبيل إليه البتّة أودعوا أسرارهم وعلومهم الصحف والدفاتر. ولمّا لم يمكنهم الإفصاح بما عندهم وإظهاره إظهاراً تامّاً رمزوه ودفنوه بالكلام الدقيق والمعاني الغامضة ليكون ذلك منزلة الكنوز النفيسة التي عيّنها الملوك في بطون الأرض. وجعلوا عليها الطلسمات وضروب الحيل المانعة وصول الناس كلّهم على العموم إليها إلّا من كان مثلهم في القوّة وجودة العمل.

وكذلك الحكماء دفنوا حكمهم وعلومهم النافعة في عويص الكلام ودقيقه وغامضه ومشكله لئلا يهتدي إلى تلك الأشياء النفيسة الجهّال وذوو الطبائع الفاسدة والعقول المشوبة. فيفسدوا أمر الناس جميعاً. ويختلط اختلاطاً يجرّ ضروباً من الفساد فيها بطلان منافع الناس كلّها. وتصوّروا كيف يكون حال الناس حينئذ فرأوها صورة قبيحة سمجة جدّاً. فجعلوا لذلك حكمهم | وعلومهم النافعة الشريفة الجليلة الخطر العظيمة المحلّ مدفونة مرموزة [٢و] غامضة بحيث لا يهتدي إليها إلّا ذوا العقول المرضية والآراء الجيّدة والفكر العميقة والفطن الدقيقة. فإنّ الحكمة إذا وقعت إلى من هذه صفته أحسن سياستها ووضعها موضعها. وإذا وقعت إلى من بخلاف ذلك لم يُطِقْ عقله حملها وأظهرها وأبداها وفعل الأفعال المضرّة به وبغيره. وربّما كانت هذه الحكم والعلوم سبباً إلى ارتفاع قدره وعلوّ مرتبته وظهور أمره

---

٢ أبو] صحّ أبي. ٦ رأوا] صحّ رأو. ٦ إفصاحهم] صحّ إفحاصهم. ١٢ وذوو الطبائع] صحّ وذو الطبائع. ١٦ ذوا العقول] صحّ ذو العقول.

واستعلائه فملك رقاب الناس وسياسة أمرهم. خطر فيهم من جهله بالتدبير وقلّة معرفته بالأمور ما يكون فيه هلاكهم. فالويل كلّ الويل لأمة من الأمم ملك أمرهم وغلب عليهم من لا عقل له ولا حكمة فيه. فإنّ عيشهم يكون نكداً ومعاشهم ضيّقاً وأمورهم مختلطة وحالهم سيّأة.

فلذلك فعل الحكماء ما فعلوا من رمزهم الحكمة ودفنهم إيّاها ولستُ أعني نوعاً واحداً من الحكمة ولا فنّاً واحداً من العلوم بل كلّها على العموم. قد فعل فيها أهل العلم والحكمة ما وصفنا وقلنا إذ كان ذلك لازماً لهم أن يفعلوه للعِلَل التي ذكرناها والأحوال التي تسمّى الكيمياء لِمَا في إظهارها من حدوث ضروب الفساد العامّ في الناس في أمر معايشهم وغيرها من أمور دنياهم. ولعمري إنّ الحكماء لو ضربوا عن ذكر هذه الصناعة بتّة لقد كان جيّداً منهم لكنّ طبائعهم الجيّدة وكرم نفوسهم حملهم على ذكرها وأيضاً فإنّهم لم يحبّوا الانفراد بها ومنعها من لعلّه يستحقّها ممن يأتي بعدهم فدوّنوا فيها الكتب وأكثروا | [٢ظ] الكلام وطوّلوه واختلفوا فيما وصفوا فيها. فبعض تكلّم عليها كأنّه يتكلّم في الطبّ وبعض كأنّه يريد الأديان والشرائع وبعض جعل كلامه فيها مثالات وخرافات. وتفنّنوا جملةً في الكلام فيها فنوناً كثيرةً لا تحصى حتّى لم يدعوا علماً من العلوم إلّا ستروها به.

وقد كنتُ لقيتُ رجلاً غريباً من أهل الغرب يزعم أنّ جميع الشرائع والأديان مشاكلاً لها على كثرة اختلاف الأمم في ذلك. وكان يجعل لكلّ باب ومعنى منها زعم شكلاً من شريعة شريعة ودين دين. ويزعم أنّ القدماء كانوا أودعوا عليها مصاحفهم وأمروا مخلّفيهم حفظ تلك المصاحف وإكرامها وإعظامها. وكان للواضعين في قلوب أهل زمانهم محلّ عظيم ومقدار كبير. وعظّموا تلك الكتب وصانوها وادّخروها على مرور الأيّام وكرور الزمان. فلمّا ضرب الدهر ضربةً نظر فيها من صارت إليه فوجد فيها كلاماً مرموزاً يحتمل ضروباً

٧ لازماً] صحّ لازم. ٨ الكيمياء] صحّ الكيما. ١٢ اختلفوا] صحّ واختلقوا. ١٣ مثالات] جمع صحيح: أمثلة أو مثل.
١٨ للواضعين] صحّ الواضعين.

من المعاني. وكان بعضها أو أكثرها الكلام فيها على سبيل الوصايا والأمر والنهي أن افعلوا كذا واحذروا كذا فتوهّموا ذلك على ظاهره فأخذوا يستعملون ويأمرون وينهون بما قرؤوا في تلك الكتب.

وكان هذا الغريب الذي قدّمتُ ذكره يقول: ألا ترى أنّ قوماً من الأمم، هم البانيان ببلاد الهند، يحرقون موتاهم بالنار يريدون به إكرامهم. زعموا أنّهم يصيرون إلى الجنّة. وإنّما ذلك نظير التفصيل في هذه الصناعة. وأنّ قوماً، الماناوية ببلاد الفرس، قالوا إنّه لم يزل في القديم إثنان. فكان من ذلك مزاج العالم يعنون | [٣و] بذلك اختلاط اللطيف بالكثيف الذي به يتمّ الإكسير. وأنّ قوماً، كانوا بأرض مصر، عبدوا النجوم وعظّموها وعظّموا العناصر الأربعة وقالوا هذه هي الآلهة. وذلك نظير تقلّب الإكسير من التفصيل إلى التمام فإنّه ينقلب إلى سبعة جواهر وأربعة ألوان. وأنّ قوماً، النصارى، قالوا ثلاثة أب وابن وروح القدس. وذلك أنّ العمل يتمّ من ثلاثة أشياء نفس وروح وجسد. وإنّ النفس والجسد لا يتمّ منهما شيء دون أن تجلّهما الروح. وأنّ قوماً يتطهّرون بالأبوال لأنّهم وجدوا في كتبهم المخزونة المصونة أن طهّروا أدناس ما يحتاج إلى التطهير بالبول. وقال قوم بول البقر كناية عن المياه التي بها تكون طهارة الإكسير. فيتطهّروا بالأبوال وطهّروا النساء من الحيض بالأبوال. وسمعوا الحكماء يقولون: لا تطفئوا النار! وأرادوا بذلك أنّ مواضع في التدبير لا يجوز أن تفارق النار ذلك المدبّر البتّة. فأوقدوا النار دائمةً لا تطفئوها. وأنّ قوماً، المسلمين، عبدوا واحداً لأنّ الأصل والعمل من واحد. وإنّ الأشياء الكثيرة تتشعّب من ذلك الواحد كالعدد الذي لا

[١] فيها] صحّ فها. [٢] قرؤوا] صحّ قروا. [٤–٥] هم البانيان ببلاد الهند] على الهامش. [٦] الماناوية ببلاد الفرس] على الهامش، صحّ المنانية ببلاد الفرس. [٨] كانوا بأرض مصر] على الهامش. [٩] الآلهة] صحّ الاله. [١٠] النصارى] على الهامش. [١١] منهما] صحّ منها. [١٦] تطفئوها] صحّ تطفوها. [١٦] المسلمين] على الهامش.

نهاية له. وإنّما أصله من واحد. وإنّ العمل في آخره يرجع إلى واحد فهو قد بدأ من واحد وانتهى إلى واحد.

قال الغريب المغربيّ: لو ذهبتُ أعدّد ما تستعمله كلّ أمّة وأهل كلّ ملّة وشريعة من الفرائض والسنن لوجدتَ كلّها [٣ظ] | مشاكلةً لهذه الصناعة في مواضع منها. ألا ترى إلى صلواتهم في أوقات معلومة من ليلٍ ونهارٍ مما يشاكل تكوين العمل في مثل تلك الأوقات ويكون قبلها سقي المياه وتطهير الإكسير بها؟ ألا ترى إلى الأعياد المستعمل فيها أعمالاً محالفةً للعادة في المعايش والتصرّف وهي الأكل والشرب والسرور فيها شبيهاً بتمام العمل واستكماله. ألا ترى إلى تعظيمهم يوماً من الأيّام السبعة وتعبّدهم فيها تشبيهاً بالعمل في سبعة أيّام. فإذا كان في بعض الأعمال أمسكوا عن يد والعمل في كلّ سبعة أيّام بها كما أمسكوا يوم السبت لا يعملون فيه شيئاً. والسبت لزحل وزحل دليل على البرد واليبس والسواد وهو أصل الألوان وذلك أنّ التسويد لا بدّ منه. فما داموا في التسويد. فَهُمْ محتاجون إلى يوم من السبعة يمسكون فيه عن ذلك العمل الذي يكون في الستّة ويعملون في السابع غيره. فجعل لهم يوم زحل خاصّة ليدلّوهم على وجه العمل على الصحّة.

قال المغربيّ القمريّ: وإنّك لو تأمّلتَ التوراة التي في يد اليهود لوجدتَ الكلام على ابتداء الخلق مضاهياً لأوّل العمل في هذه الصناعة سوى. وهو باب تامّ كامل وتمامه في آخر السفر الأوّل وفي بعض السفر الخامس. ثمّ دلّ على تمام العمل وبيّنه في آخر الأسفار وهو العاشر.

وإذا تأمّلتَ أمر النصارى وأعيادهم ودينهم [٤و] | وجدتَ أمرهم كلّهم مشاكلاً لهذا العمل. وأمّا الصابئين، مذكورين في القرآن، فإنّ شرعهم باب من الأبواب كامل من أوّله إلى آخره. وكذلك المجوس، هم الأكاسرة ببلاد فارس، فإنّ الأمر فيهم واضح منه في سائر الأديان

---

١٨ أعيادهم] صحّ عيادهم. ١٩ مذكورين في القرآن] على الهامش. ٢٠ هم الأكاسرة ببلاد فارس] على الهامش.

من تعظيم النار والماء وتركهم موتاهم في الهواء لا يدفنوهم في الأرض ولا يحرقوهم بالنار وتركهم النار تشتعل دائماً واجتماعهم في الماء ورشّ الماء في النيروز بعضهم على بعض وتسميتهم له اليوم الجديد وهو وقت نزول الشمس الحمل والمهرجان وهو في أوّل الخريف عند نزول الشمس الميزان. فإنّ في هذا علم حسن كبير من علم الصناعة وما ينبغي أن يعمل منها في هذَيْنِ الفصلَيْنِ المعتدلَيْنِ من السنة وتطهّرهم بالأبوال وإمساكهم عن ذبح البقر وذبح ما صغر من الحيوان. قيل لهم ذلك لتعمر الدنيا ولا تخرب. قال لهم الحكيم: لا تتكلّموا بذلك ولا تنطقوا به! فرمزوا إلى وقتنا هذا وكفّوا عن النطق ولعمري أنّ الحكمة في شريعتهم ظاهرة.

قال المغربيّ: وإنّي لأظنّ أنّ العاقبة لهم كلّ دور على جميع الأديان لكثرة التكامل وجودة السياسة في مبدأ دينهم ووسطه وآخره. ولقد قيل لهم ما لم يعلمه ولا فهمه ولا فطن له أكثر الأمم من شرح قصّة آدم وتكوينه وكيف ابتدأه القديم جلّ وعزّ وما له من صفة الجنان والنعيم فيها وصفة دار العقاب وأحوال الأرواح في تنقّلها وأمر الأجساد بعد خروج الأرواح منها أعني أجساد الحيوان وتفصيلهم ذلك وتصرّفهم | [٤ظ] في أحكامه. وما شرح لهم من قصّة الشيطان وأمره. وهكذا سنّة الحكماء على وجه الدهر في غابر الأيّام وفي مستقبلها أنّهم يحتالون في إظهار حكمهم بالتلطّف والسرّ والكتمان. فتكون ظاهرةً مكتومةً ظاهرةً عند أهل العقل الرضيّ والفكر العميق، مستخفية ممتنعة عند أهل الغباء وقلّة الصبر على الفكر وذوي العقول الماذقة. فتلك الحكمة يأخذها من كان في منزلهم أو دونها قليلاً.

قال المغربيّ: وإنّي لأعلم أنّ أكثر الناس يكذّبون بهذه الصنعة ويدفعون كونها. وهم في ذلك معتنون في دفعها وإنكارها مختلفون في إبطالها لأنّها غامضة كلّها من أوّلها إلى آخرها لا يهتدي إليها إلّا حكيم كبير النفس عظيم الهمّة صبور على المطالب قليل الضجر وافر

---

١٧ قليلاً] صحّ قليل.

العقل بعيد من [الهذيان] معتدل الطبع. ومع ذلك كلّه فهي وغيرها من المطلوبات تحت الجدّ والحظّ إلّا أنّ لها مزيّة وفرقاً بينها وبين غيرها من سائر الأشياء المطلوبة. وكلّ شيء في الجملة فهو تحت القضاء والقدر وتحت السعادة والنحسة. والناس في كلّ شيء واحد مجدود وآخر محدود وآخر مخصوص وآخر منحوس.

قلتُ للمغربيّ: فإنّي أحببتُ أن أسألك عن شيء من أمر هذه الصناعة يتردّد في نفسي.

قال: سَلْ عمّا شئتَ.

قلتُ: من الذي ابتدأ بهذه الصنعة ومن أين مخرجها وأيّ أمّة من الأمم استنبطها واستجرّها إن كانت مستخرجة بالعقول والقياس؟ وإن كان في غير ذلك فمن أيّ موضع كان ابتدأ
[٥و] ظهورها وفي أيّ أمّة | وجيل ظهرت في المبدأ؟

قال المغربيّ: لقد سألتَ عن شيء كبير وسألتَ عن فائدة جليلة. واعلم أنّ ذلك مختلف فيه. زعم قوم أنّ الله تعالى علّمها آدم عليه السلام حين أخرجه من الجنّة وعلّمه إيّاها وهو في الجنّة يعلّمه بما هو صائر إليه من الخطيّة. فلمّا هبط إلى الأرض وكثر نسله علّمها ابنه شيثاً وعلّمها شيث ابنه وكذلك حتّى ظهرت. وزعم قوم أنّ الله عزّ وجلّ أوحاها إلى إدريس الذي هو هرمس بلغة اليونانيّين ليستعين بها على دنياه صيانة من الله تعالى له عن المكاسب الدنسة والمعايش المذلّة للناس. وزعم قوم إنّما عملت من قبله وأنّه وضع فيها الكتب ورمزها محبّة منه أن تصل بعده إلى الحكماء الألباب الطالبين لها من بعده. وزعم آخرون أنّ الله تعالى علّمها إبراهيم عليه السلام مبتدئاً له بها ومن قبله ظهرت. وزعم قوم أنّ السحرة من أهل بابل استنبطوها واستجرّوها. قالوا وإنّما يسمّوا النبط لاستنباطهم العلوم الغامضة. بل قالوا إنّ

---

٣ واحد] ممكن أيضا وأحد.

العلوم كلّها والصنائع النافعة من جهتهم انتشرت وظهرت. وزعم آخرون أنّ المستخرجين لها كهنة مصر من القبط من أهل مصر أعني كتب القدماء فيها. وزعم أخرون أنّ المبتدئين بها العقلاء من الفرس وأنّهم بذلك فخروا على جميع الأمم وقهروا الملوك ودوّخوا البلاد وكانوا أكثر الأمم أموالاً وفضّةً وذهباً حتّى | أنّ جميع ملوك الأرض كانوا دونهم. ولم تزل [٥ظ] تضرب بهم الأمثال بكثرة أموالهم.

وزعم آخرون أنّ المستخرجين لها فلاسفة اليونان الذين استخرجوا بأفكارهم العميقة وعقولهم الجيّدة العلوم الغامضة المستصعبة. واستدلّوا على ذلك بأنّه لا يوجد لأحد من الأمم ما لهم في عمل الطبّ خاصّة. قالوا وهذه الصناعة نوع من الطبّ وأصحاب علم الطبّ هم أصحابها. وزعم قوم أنّ المنجّمين من الهند استخرجوها بعقولهم الحادّة وذكائهم العظيم وذلك أنّها صناعة تحت علم النجوم وتسمّى أخت النجوم والطبّ وأنّها باستخراج الهند أليق لجودة قرائحهم وحدّة أذهانهم. وزعم قوم أنّها وُجِدَتْ في هيكل قديم كان برومانس في كتاب بلغة قديمة وأنّ رومانس لمّا نبأ هذه المدينة أودع الكتاب في بيت يكون في هذا الهيكل وأنّ أصلها إنّما أخذ من ذلك الكتاب ثمّ انتشر في أيدي الناس. وزعم قوم أنّ سحرة اليمن استخرجوها وأنّه لم يزل يظهر باليمن رجل بعد رجل وامرأة بعد امرأة يتكهّنون فيخبرون بالغيوب ويقدّمون في معرفة ما هو كائن ويظهر منهم في ذلك العجائب العجيبة ويخبرون بضمائر القلوب وتخبّأ لهم الخبايا فيخبرون بها. قالوا فهؤلاء تكهّنوا عليها واستخرجوها وعلّموها وعملوها. قالوا من الدليل على صحّة ذلك أنّه ليس يكاد أن يفطن لها إلّا من فيه كهانة وإصابة في الأخبار بما يكون دائماً لطبيعة فيه تدلّه على ذلك لا على سبيل العلوم الرياضيّة.

---

١٢ برومانس] صحّ لرومانس، وتصحيحه على الهامش.   ١٣ إنّما] مضاف على الهامش.

[٦و] قلتُ للمغربيّ: وأنتَ ما تقول في ذلك وفي أيّ | هذه الوجوه الحقّ عندك؟ وفيما سمعتُ فأنّي مهما شككتُ في شيء. قلتُ: أشكّ في صحّة هذه الصناعة لك وكونها عندك وأنّك عالم بها.

قال المغربيّ: مهلاً رحمك الله فأنّك في خطابك لي بهذا قد أخطأتَ سنّة أهل هذه الصناعة وعدلتَ عن تأديبهم ودلّ ذلك على غفلتك.

قلتُ: فأنا أسألك أن لا تؤاخذني بما نسبتَ ولا ترهقني من أمري عسراً وعرّفني الوجه في خطئي لأعرفه.

قال: نعم. أفعل ذلك [والراجح] أنّه ليس يخلو الذي نتّهمه ونظنّ به أنّ هذه الصناعة عنده وصحيحة له. وكلّهم من إحدى منزلتَيْنِ إمّا أن يكون كما ظننتَ به وتوهّمتَ عليه أو بخلاف ظنّك وأنّه لم يدرك منها شيئاً.

قلتُ له: كما قلتَ.

فقال: فإن بخلاف ظنّك وقلتُ له كما قلتَ لي فسقطت من عينيه وعلم أنّك لم تر بنور الله. وإن كان كما ظننتَ وهي عنده كما توهّمتَ بغضّك إذ علم أنّك وقفتَ له على سرّ عظيم يروم كتمانه بكلّ وجه. واستثقل مكانك وتمنّى مفارقتك جدّاً. فالصواب أن لا تظهر هذا من نفسك متّى ظننتَه من الشأن.

قلتُ له: قبلتُ تأديبك وشكرتُك على وصيّتك فأَجِبْني أن رأيتَ عن مسألتي لك عن الحقّ في أيّ تلك الوجوه التي عددتَها هو عندك؟

---

٨ يخلو] صحّ يخلوا. ٩ وكلّهم] صحّ عنده، وتصحيحه على الهامش. ١٢ لم تر] صحّ لم تري.

قال: نعم. إنّ الذي ظنّ أنّها خرجت من مصر وهو ظنّ لا يلوح عليه دليل قويّ لأنّي رأيتُ الكتب القديمة فيها كان مخرجها كلّها من مصر. وما كان في يد غيرهم من الأمم والكتب فيها فإنّما هي منقولة من لغتهم كما يوجد علم الطب عند أكثر الأمم | أو كلّهم وإنّما هو [٦ظ] منقول من لغة اليونانيّة إلى تلك اللغة. وهاهنا وجه لم أذكره وكان لنا شيخ من أهل الغرب يذكره.

قلتُ: وما هو؟

قال: كان لنا شيخ يزعم أنّه لم يزل على وجه الدهر في القديم كتاب موجود في مدينة منف من أرض مصر مكتوب بلغة من لغات القبط المتروكة. وكان ورق هذا الكتاب أبيض شديد البياض باقٍ على الدهر لا يُدرى مِمَّ هو سطور مكتوبة بخضرة ويعلوها صفرة ما يُدرى ما هي إلّا أنّ من يشاهده كان يزعم أنّه ذهب محلول. وأنّ أهل تلك النواحي كانوا يقصدون الكتاب فينظرون إليه ولا يعلمون ما فيه إلى أن ظهر هرمس. فنظر فيه ففطن له وعلم ما فيه. وزعموا أنّه كان فيه علم الطلسمات مبيّن وعلم الكيمياء مشروح وعلم السحر والنِيرَنْجَات وغير ذلك من العلوم الغامضة السرّيّة. قد كُتِبَتْ بحروف كانوا يظنّوها بلغة حِمْيَر مرّة ومرّة يتوهّمونها بلغة القبط القديمة المتروكة. وأظنّها لم تكن بلغة من اللغات بتّةً. إنّما كانت بحروف تدلّ ذوي الفطن على معانيها لأنّهم زعموا أنّ حروف ذلك الكتاب كلّها كانت معمولة على صُوَر جميع الحيوان من دوابّ البرّ والبحر والطائر. يبتدئ الحرف ثمّ يضيف إليه آخر ثمّ آخر ويؤلّف بينهما صورة ما. وكانت كتابة ذلك المصحف صُوَراً كلّها من أوّله إلى آخره. فرزق الله عزّ وجلّ هرمس الفطنة والهداية. فعرف جميع ما فيه وعلمه وعلّمه.

[١] يلوح] صحّ يلوح. [٢–٣] والكتب ... أكثر الأمم] مضاف على الهامش، صحّ هي من منقولة. [٧] يزعم] صحّ نزعم.
[١٦] يضيف] صحّ يضف. [١٧] صورة ما] صحّ صورة ماء. [١٧] صُوَراً] صحّ صور.

[٧و] قلتُ للمغربيّ: هل ذكر لكم شيخكم شيئاً مما كان فيه وأيّ شيء كانت | ترجمته؟

قال: نعم. ذكر شيخنا أنّ ترجمته كانت الكتاب الحاوي للحكمة كلّها. وقد كان يذكر من أوّله شيئاً يحفظه. ثمّ أخبرنا بعد مدّة أنّ الكتاب صار إليه ترجمته وتفسيره بلغة القبط وأنّ ذلك أُخِذَ من قبل هرمس وتداوله الناس. قال وهو لوح هرمس الذي كان من زمرّد أخضر مكتوب بالذهب المحلول.

قلتُ للمغربيّ: فهل عندك هذا الكتاب؟

قال: نعم. هو عندي وأنا أعطيك هو ولكن أوصيك ثمّ أوصيك بكتمانه وترك إظهاره. فإنّه كتاب يُوصَلُ بما فيه إلى كلّ علم. ولكن ليس عندي الكتاب كلّه من أوّله إلى آخره. وإنّما عندي منه ما وقع إلى شيخنا رحمه الله منه وهو من أوّله إلى آخره أن يمضي منه صدر صالح وما بعد ذلك دفع إلينا.

قلتُ: فمنّ بذلك على منّ الله عليك بالعفو والعافية والعمر الطويل والبقاء الدائم.

قال: نعم.

ثمّ افترقنا فلمّا كان من غدّ وذلك يوم الأحد دفع إليّ الذي وقع إليه من قبل الشيخ. فنظرتُ فيه فإذا هو مكتوب بالعربيّة وقد نقله مترجم من القبطيّة إلى العربيّة. فإذا أوّله يبتدئ كما يبتدئ كتابنا هذا باسمك اللهمّ ربّ نيل مصر وملوكها ربّ كلّ شيء ومدبّره وماسك كلّ شيء ومحيّيه. إنّي مخبر من فهم غنيّ بابتداء أمر العالم في الأوّل القديم إنّه لم يزل. ويقال العظيم. ولا شيء غيره معه. وهو جوهر منفرد بسيط لا صورة له معقولة متحرّك بنوع

[٧ظ] سكون. وهو الدهر والأزل الذي يُوصَفُ بأنّه هو صورته | في أزليّته وقدرته مع ذاته. ليس له

نهاية ولا حدّ من وجه من الوجوه بتّةً في ذاته ولا في قدرته وعلمه. وإنّه لم يزل ينظر إلى ذاته كما يعقل العقل سائر الأشياء ويعقل نفسه. وإنّه كلّما نظر إلى ذاته تكوّن من نظره كوناً يسمّى ذلك الكون فعله وخلقه ونظرته أو كلمته. فذلك الكون منه وفيه وله فليس للأكوان إذاً أوّل ولا آخر وإن ليس للمكوّن أوّل ولا آخر. وإنّه مكان المكان وزمان الزمان وجوهر الجوهر ونفس النفس وعقل العقل. وكلّ ذلك منه وفيه وبه وإليه فله فلا شيء موجود إذاً إلّا وهو هو.

وإنّما الأكوان اختلفت باختلاف نظراته وتبع نظراته إليه وتفريقه بين كلّ كون وكون تفريقاً هو له ومنه لم يزل. فبذلك التفريق الذي هو تابع نظراته افترقت الأشياء الكائنة في ذواتها مع أنّه هو ذات الذات فكلّ ذات فهي هو. فصارت الأشياء مفرقة وسبب إفراقها ما قدّمنا وهذا الافتراق والفرق بين الأشياء وهو أنّ بعضها جوهر حامل وبعضها أعراض محمولة. وهذه الأعراض أوّلها الحرارة. وإنّ ذات هذه الحرارة الحركة. ثمّ يتلوها البرد وذات البرد السكون. فصارت الحرارة شيئاً متحرّكاً أبد الأبد وصار البرد شيئاً ساكناً أبد الأبد. ثمّ يتلوها اليبس والرطوبة. أمّا اليبس فمنفعل الحرّ والبرد. وكذلك الرطوبة إلّا أنّ أحد هذَيْنِ المنفعلَيْنِ أقرب إلى أحد الفاعلَيْنِ منه إلى الآخر اليبس أقرب إلى الحرارة والرطوبة أقرب إلى البرد. ثمّ يتلوا ذلك الصورة وهي متكوّنة أيضاً | تابعة للفاعلَيْنِ إذا حركة الحرارة للمنفعلَيْنِ. وسكنهما [٨و] البرد في الجوهر حدثت الصورة. وإذا توهّم متوهّم فهذا التوهّم هو للعقل وإذا تصوّر العقل انتفاع هذه كلّها كان العدم. وهو شيء غير موجود إلّا بتوهّم العقل له. وإنّ الأزليّ القديم في نظراته وتكوينه ما يكون ذلك لم يزل.

كانت النفس شيئاً غير الجوهر والأعراض. وكذلك العقل أيضاً هو شيء غير الجوهر والأعراض وغير النفس. وإنّه لم يزل يتكوّن عن الأكوان التي تكون عنه أكوان أيضاً. فتصهّر

---

[٢] كوناً] صحّ كون. [١٢] شيئاً متحرّكاً] صحّ شيء متحرّك. [١٢] شيئاً ساكناً] صحّ شيء ساكن.

بعضه ما يتكوّن بذاته. ثمّ يتكوّن أيضاً بعضه على بعضٍ. فصار جميع ما يعقل ويحسّ منه يتكوّن من ذاته ومنه متكوّن من سكون والكلّ ليس شيء غيره. وإنّه كوّن قبل هذا العالم خاصّة شجرة مدوّرة الشكل أغصانها وورقها وعروقها وثمرها وجملتها وتفصيلها مدوّرة. وهذه الشجرة متكوّنة عن مكوّن كونه وهي منه وله وبتكوينه. وهذه الشجرة كانت محدودة في ذاتها وحدود كلّها الله عزّ وجلّ. وهذه الشجرة مما يكون تحت الزمان إذا كانت المكوّنة كلّها إنّما هي تحت الزمان. وقد تقدّم في أوّل الكتاب أنّ الأزليّ زمان الزمان ومكان المكان والمكان والزمان هما من ذاته وكون هذه الشجرة منذ خرجت من العدم إلى الوجود سبعين ألف سنة حتّى أنّه ينبغي أن يقال عليها الآن حسب عرفنا وعادتنا في لغاتنا أنّها شجرة بقيت مدّة سبعين ألف سنة ليس معنى ذلك أنّها مضت عليها هذه السنون ولكنّ مدّة تكون [٨ظ] مقدارها من حسابنا | الآن هذا المقدار.

ثمّ إن الأزليّ نظر إليها نظرةً فانسدرت الشجرة من نظرته. فقيل هي شجرة المنتهى إليها من كلّ انتهى هو لنا. ومعنى المنتهى أي انتهت العقول إليها. فحين نظر إليها بعد استيعانها السبعين ألف سنة احترقتْ فصارتْ كلّها رماداً هيّناً. وكان معنى هذا الاحتراق هو التجزّؤ أي تجزّؤ الشجرة أجزاء بلا نهاية. ثمّ نظر إلى الرماد نظرةً أخرى. فتحرّك الرماد كلّه. وجلّ في كلّ جزء من تلك الأجزاء التي لا يحصرها عدد حركة. وتبع الحركة حرارة. وتبع الحركة بلا زمان البرودة ومعها الرطوبة واليبس.

فقام كلّ جزء منها مقام الآخر في كلّ حال. وكان كلّ جزء منها طويلاً عريضاً عميقاً. إذ هذه الصفات هي من صفات السكون لا أنّ المكوّن الذي لم يزل فهي لازمة لكلّ متكوّن يكون حاملاً ليكون آخر.

---

١٤ التجزّؤ أي تجزّؤ] صحّ التجزّي أي تجزّي. ١٧ طويلاً عريضاً عميقاً] صحّ طويل عريض عميق.

ثمّ نزّل تلك الأجزاء مع الحرارة والبرودة والرطوبة واليبس الحال فيها. فتحرّكت حكمة مختلفة فأمدّها بالنفس والنفس فمدبّرة عاجزة ضعيفة عن التكوين. وإنّما لها أن تعمل ما جعل لها عمله فقط وهو تقويم الحرارة والبرودة واليبوسة والرطوبة في الأجسام على حسب قوّة لها متناهية فقط لا غير. وهي مقوّمة ومعيّنة ومطرّقة وقائمة فيما بين الجسم الطويل العريض العميق وبين الكيفيّات الأربع.

فلمّا دخلت النفس في تلك الأجزاء مع الكيفيّات انقلبت الأجزاء من تلك الحركة إلى حركة أخرى إلّا أنّها حركة غير مدبّرة بالسياسة ولا مقوّاة بالعلم بل تجري على اتّفاق. وهي سريعة وبطيئة | السرعة في بعض والبطء في بعض. فاجتمع منها في هذه الحركة الأخيرة [٩و] أجسام كثيرة وهذا الاجتماع والافتراق إنّما حدث في هذه الأجزاء لمّا حلّها النفس فلمّا اجتمعت تلك الأجسام الكثيرة صار لها في اجتماعها شكل ما. وجعل الافتراق والاجتماع يعنّون تلك الأجزاء كلّها في الجملة إلّا أنّ الاجتماع كان لهذه الأجسام التي سمّيت الكثرة. فما كان منها ثقيلاً بالبرد رسب في أسفلها وما كان فيها حارّاً خفيفاً صغر وتملّس وصعد فوق تلك وأسرع في الحركة والتقلّب وجعل يبادر إلى فوق وجعل البرد يقلّ فيها كما سمت وتضعف عن النزول بها. فامتنعت من الانحدار وبلغت في صعودها وسموّها مبلغاً ما.

فأدارتها النفس فتشكّلت شكلاً مدوّراً لأنّ أصلها كان مدوّراً أعني الشجرة والأجزاء منها بعد الاحتراق. فلمّا تشكّلت مدوّرة عطف بعضها على بعض. فكان منها جرم الفلك. ولمّا حدث لها هذا الشكل المدوّر بجملتها أعني تحرّكت حركة دوريّة وحركتها بالنفس والحرارة تلطّفت منها أجزاء زادت فيها الحرارة على طريق الكمّيّة واشتغلت النفس اشتغالاً عظيماً. فحدث منها الكواكب. وكان أوّل حادث من الكواكب الشمس. ومن الشمس وتلك الأجزاء الباقية معاً حدث الكواكب فما قرب من الاعتدال. وليس هذا اعتدالاً يشبه

٩ حدث] صحّ حدت. ١٧ حدث] صحّ حدت. ١٩ فحدث] صحّ فحدت. ٢٠ حدث] صحّ حدت. ٢٠ اعتدالاً] صحّ اعتدال.

اعتدال هذه الأجساد المركّبة في السفل بل هو اعتدال آخر. فما اعتدل ذلك الاعتدال حدث منه أجرام الكواكب المتحيّرة | التي هي زحل والمشتري والمرّيخ والزهرة وعطارد [٩ظ] والقمر. وما كان سامياً منها فضل سموّ حدث منه أجرام الكواكب الثابتة. وطلب جرم الشمس وسط الكلّ وكان فيه. ثمّ اشتملت النفس على الكواكب فأدارتها دوراً محفوظاً ليس حفظه منها ولكنّ حفظه من العقل. وذلك أنّ الأزليّ الذي هو هو أمدّها لمّا تميّزت هذا التمييز بالعقل. فدارت على ترتيب وحفظ وشيء معلوم باتّفاق وحكمة ونظام من صورة معلومة.

ثمّ من بعد ذلك ما كثر فيه البرد من تلك الأجزاء التي رسبت من أجل كثرة البرد لمّا طال دور الكواكب على الأرض بشعاعات الكواكب من جملة الفلك تكوّنت النار من شدّة حمى الحركة. ولمّا حميت الأرض بشعاعات الكواكب انعصر منها الماء. ولمّا سخن الماء بُخِّر بخاراً كثيراً وكان بخاره لمّا لقي النار الهواء. فصار بين السماء والأرض ثلاثة عناصر: النار والهواء والماء. وكلّ واحد منها هو جوهر اجتمع من تلك الأجزاء الطويلة العريضة العميقة. فصار كلّ واحد منها جسماً طويلاً عريضاً عميقاً.

فدخلت فيه كيفيّات. فهي تلك الكيفيّات: أمّا النار فلمّا سخنت تلك الأجزاء بحركة الفلك والكواكب سخونة كثيرة في مدّة طويلة صارت حارّة يابسة محرقة من كثرة ما سرب الجسم من الحرّ واليبس من كثرة الحرّ وشدّته. وأمّا الهواء فإنّه لمّا كان حدوثه بين الماء والنار صار حارّاً رطباً. حرارته من النار ورطوبته من الماء. | وأمّا الماء فلبعده من الكواكب [١٠و] صار بارداً رطباً ولقربه من الأرض. وأمّا الأرض فلبعدها أيضاً من الفلك والكواكب والنار

٢ حدث] صحّ حدت. ٣ حدث] صحّ حدت. ٣ طلب] صحّ كلب. ٩ بشعاعات الكواكب] علامة الإلغاء فوق الكلمات. ١٣ جسماً طويلاً عريضاً عميقاً] صحّ جسم طويل عريض عميق.

صارت باردةً ولخلوصها من الأجزاء الرطبة التي انعصرت منها صارت يابسة. فحصل من طبائع العناصر أنّ الأرض باردة يابسة والماء بارد رطب والهواء حارّ رطب والنار حارّة يابسة.

فنُكِتَتْ الأرض والعناصر الثلاثة فوقها والفلك يدور عليها سبعين ألف سنة لا يتكوّن منها شيء حتّى امتزجت العناصر بعضها ببعض واختلطت. فلمّا وقع بها الأخلاط تكون من أخلاطها الأحجار ثمّ الأجساد المعدنيّة مثل الياقوت والزمرّد والبلّور والجزع والنجاديّ وما أشبه ذلك. ثمّ لمّا طال دور أنّه كثرت حركتها أعني العناصر وكثر امتزاجها حدث من امتزاجها أيضاً النبات على كثرة أجناسه ثمّ تبع النبات انفعال جميع الحيوان غير الناطق على كثرة اختلافه في الكبر والصغر وغير ذلك من اختلاف الطبائع.

وكان تكوّن هذه الأجسام والأحجار والنبات والحيوان بفعل النفس ومعونة الفلك والكواكب لها. ولو لم تك النفس لما كان شيء من ذلك. ولو لم تقع المعونة من الكواكب لم تكن النفس تقوى على فعل ذلك. وأمّا امتزاج العناصر بعضها ببعض وتركيب ما يتركّب منها ففعل الكواكب وأمّا الصورة وغيرها مما هو خاصّ بالأشخاص ففعل النفس. | وإنّ النفس لمّا رأت ما قد تمّ لها من هذه العجائب العجيبة توهّمت بجهل أنّها أفضل من العقل. ففخرت عليه بذلك. فتصرّع العقل إلى البارئ القديم الأوّل الأزل الذي هو أب وأمّ للعقل والنفس تصرّعا طويلاً. فأخبره القديم أنّه عالم بجميع ما يجري من فخر النفس عليه بسبب فعلها وخلقها لمّا خلقه وأنّها ظنّت أنّ العقل عاجز عمّا فعلته هي. [١٠ظ]

فقال القديم سبحانه للعقل: افعل شيئاً يكون فيه شكل جميع ما قد عملته النفس وقوّة جميع ما خلقته وطبع جميع ما انفصل لها من العلوّ والسفل. ويكون ذلك مجموعاً في شخص صغير ليس لجسمه من المساحة مقدار يحسن بالاضافة إلى العالم.

---

٦ حدث] صحّ حدث.

ففرح العقل: يا أبي وسيّدي إنّ هذا الشيء عجيب! هو أعجب من جميع ما فعلته النفس.

قال له القديم: نعم. هو كذلك.

ففعل العقل الانسان وجعله مثالاً وشكلاً بجميع العالم أعلاه وأسفله ووسطه. فيه شبه الفلك وجميع ما فيه من الكواكب. وفيه شبه العناصر الأربعة. وفيه شبه الأحجار المعدنيّة كلّها. وفيه شبه النبات كلّه. وفيه شبه الحيوان كلّه. وفيه أشكال جميع ذلك. وفيه طبائع جميعه ومن طبائع كليّة العالم وطبائع جميع الأجسام المركّبة من العناصر. وفيه بالجملة جميع ما يقع تحت الوجود في العوالم الأربعة التي أوّلها عالم الكواكب الثابتة والثاني عالم الكواكب المتحيّزة | والثالث عالم الحيوان الناطق والعناصر الأربعة والرابع عالم الحيوان [١١و] والنبات والأجساد والأحجار المعدنيّة. فجميع هذه كلّها موجودة في الإنسان شبهها وشكلها لا يغادر من ذلك شيئاً.

فلمّا رأت النفس الإنسان لم تعلم كُنْهَه ولا معناه. ففخر العقل حينئذ عليها. فقال لها: أيّما أحسن في الصنعة وأدقّ في العمل وأعجب في التكوين وأطرف في التأليف عملك لما عملتِه أو جمعي أناله في هذا المقدار من المساحة كلّه؟

قالت النفس: لا بل هذا أعجب وأطرف وأعظم. فلك الفضل الآن عليّ بغير شكّ.

ثمّ قال القديم الأب والأمّ للعقل: اسكن الآن في هذا الشخص الذي فيه أشكال جميع العالم وهو صنعتك. فإنّه لا منزل أليق بك منه ولا أكرم أن يكون فيه غيرك.

فسكن العقل الإنسان وارتفع حتّى صار في أعلاه لأنّه ألطف كلّ لطيف وليس لطفه من جنس ما يقال إنّه لطيف في شيء بل هذا معنى آخر. فسكن في رأس الإنسان في دماغه.

فصار الإنسان حينئذ أفضل من جميع العالم من أوّله إلى آخره من أعلاه إلى أسفله. وصار ملكاً مسلّطاً على الحيوان والنبات والمعادن وغير ذلك. وصار عالماً نافراً وبالغاً إلى جميع أقطار العالم أسفله وعلوّه لطيفه وكثيفه. جبل | العقل عند جبلة الإنسان عدّة من الناس ذكوراً [١١ظ] وإناثاً. وجعل بقاء جنسهم بالتناسل. وإن كانت الأشخاص فانيةً أوّلاً فأوّلاً لما أراد القديم الأوّل من بقاء الجنس خاصّة.

فقال العقل حينئذ للبارئ القديم: إلهي وسيّدي قد علمتُ أنّ هذا الإنسان فيه مشكّل كلّ شيء من المكوّنة وإنّك شرّفتَه وفضّلتَه على جميع الحيولة من المخلوقة بذلك. وشرّفته وفضّلتَه أيضاً عليّ على أنّه من فعلي وأنّ فيه مسكني. فأنا الآن أعلم كما أنّ فيه جميع طبائع العالم وجميع أشكال ما في العالم. فهكذا فيه جميع العجائب التي في العالم. وإنّ الألوان وتصاريف الطبائع فيه كالألوان وتصاريف الطبائع في كلّيّة العالم. وقد علمتُ يا إلهي أنّك أكملتَ له. وفيه كلّ شيء موجود ما تحت الكون والفساد وبعد ذلك كلّه. فإنّي أرى العالم شيئَيْنِ اثنيْنِ ليس أعرف لهما فيه نظير.

فقال القديم الأزل للعقل: وما هذَانِ المعنيَانِ التي لم تعهدهما فيه؟

قال العقل: إلهي وسيّدي إنّك جبلتَني عالماً بكلّ نافذاً في كلّ محتوياً على كلّ إلّا أنّ ذلك فيَّ له نهاية لا أطيق أن أتجاوزها لأنّك أنت يا ربّي وإلهي الكامل المعرفة لكلّ شيء.

فقال له القديم: فإنّ هذَيْنِ المعنيَيْنِ مما هو داخل في المعاني التي يعجز عنها.

قال العقل: نعم يا إلهي. فمنّ عليّ بمعرفتها.

---

٣ جبل] العدد الثانية بحروف حمراء فوق الكلمة. ١٥ أتجاوزها] صحّ أتجاورها. ١٧ يا إلهي] صحّ يا لهي.

[١٢و] قال البارئ القديم الأوّل: فما | هما المشكّلات عليك في هذا الإنسان وهو أعلم بذلك وأحكم؟

فقال العقل: أرى في النبات وغيره من العقاقير منافع كثير تنفع الحيوان من الأسقام والأمراض ويرفع عنهم كثيراً من الآفات والآلام. فهذا واحد. ولستُ أعلم أيّ شيء في الإنسان ينفع مثل منافع تلك ويقوى ويدفع من الحيوان ما يدفعه تلك. وأمّا المعنى الثاني فإنّي أرى في العالم فيما يكون في الأرض أحجار يذوب بالنار وهي الذهب والفضّة والنحاس والحديد والأسرب والرصاص والزيبق. وليس أعلمه ولا أفهم ما الذي هو في الإنسان شكل لهذه الأحجار الذائبة بالنار الجامدة بعد المتطرّقة بالمطارق والدقّ.

فقال له الأزليّ القديم العظيم جلّ وعزّ: فإنّ جميع ما التبس عليك من هذا فهو مجموع في شيء واحد من الإنسان. هذا سوى ما في الإنسان من ضروب المنافع العظيمة الشريفة الفعل التي هي أسرع وأمضى فعلاً من النباتيّ والعقاقير. ولكنّ كون ما سألتَ عنه أيّها العقل شيء واحد من الإنسان أطرف وأعجب من كونه في أشياء عدّة.

فقال العقل: سبحانك إلهي ما أعظم شأنك خالقي تقدّست وارتفعت وعزّ سلطانك ما أكثر [١٢ظ] عجائب حكمتك وما ألطف أفعالك وأعجب خلقك وأطرف فعلك | وما أكثر ما جمعتَ في هذا الإنسان الصغير الجسم القليل مساحة البدن من العجائب والطرائف والحكمة وخواصّ الأفعال والمنافع الجليلة العظيمة الكثيرة. فمنّ عليّ بمعرفة هذا الشيء الواحد في الإنسان الذي فيه جميع منافع كلّ ما في العالم من النبات والعقاقير وكمنت فيه هذه الأجساد السبعة الذائبة. ومنّ عليّ بعد تعريفك لي ما هو يكفيه استخراج هذه المنافع كلّها وهذه الأجساد منه.

---

٣ من] صحّ ممن.

قال له القديم الأوّل عزّ وجلّ: فإنّي أسمّي لك أربعة أشياء هي موجودة في الإنسان في واحد منها جميع ما أعلمتُك أنّه فيه من العجائب. وإنّما لم أسمّيه لك وحدةً منفرداً من بين الأربعة ليكون أنت المستنبط له من بينها. فإنّي أحكمتُ وحتمتُ أنّ الأشياء النفيسة الشريفة العظيمة لا تكون مبذولة لبعض مخلوقاتي بذلاً. فأمّا أنت أيّها العقل فلمّا كنتَ أشرف ما خلقتُ وأعظم ما فعلتُ وأكرم ما انفصل مني عليّ وأشبه خلقي بي بلّغتُ بك هذه المنزلة الشريفة بإيقافي لك على المعاني التي في الإنسان التي قد كمنتُ فيه. فكُنْ أنت الآن مستخرجاً لهذا الواحد الموجود في الإنسان بالقوّة التي أعطيتُك. فإنّه لا يبعد عليك استخراجه مع معونتي لك.

قال العقل: إلهي وسيّدي سمعتُ وأطعتُ | فما هذه الأربعة الأشياء التي هذا العظيم العجيب أحدها؟ [١٣و]

قال القديم الأوّل الأزليّ عزّ وجلّ: هي شعره ودمه ومرارته وعظمه.

قال العقل: يا إلهي فمنّ عليّ بالزيادة في معرفة الواحد. بادني صفة. فإنّك وعدتَني المعونة وإلّا لم أعلمه بلا معونتك البتّة.

قال البارئ القديم الأوّل للعقل: انظر أيّ هذه الأربعة أقرب إليك فهو هو.

قال العقل: قد علمتُ الآن يا إلهي وسيّدي فتقدست أسماءك وعظم سلطانك وكرّم وجهك. فكيف باستخراج هذه المنافع وهذه الأجساد الذائبة من هذا الواحد حتّى تظهر لي وأراها رؤيةً بلا شكّ كما قد رأيتَ أين تلك المنافع وتلك الأجساد؟

---

١٢ يا إلهي] صحّ يا لهي.

قال القديم الأوّل الأزل: أليس إنّك جبلتَ الإنسان بالقوّة التي أعطيتُك؟

قال العقل: نعم.

قال البارئ القديم جلّ وعزّ: فانظر كيف فُعِلَ بالإنسان فاصنع بهذا الواحد مثل ذلك يظهر لك مثل ذلك منه.

قال العقل: إلهي وسيّدي زِدْني في الاستدلال فإنّي لا أهتدي إلّا بمعونتك كما لا أهتدي إلى هذا الواحد. وإنّما هو من الأربعة إلّا بزيادتك لي ومعونتك إيّايَ.

قال القديم الأوّل: ابتدئ في علمه بالتعفين ثمّ التفصيل ثمّ كما عملتَ في الإنسان حتّى صار إنساناً حيّاً | ناطقاً. [١٣ظ]

قال العقل: الآن فهمتُ يا إلهي وسيّدي وعلمتُ كيف يصير هذا الضعيف قويّاً وهذا المحترق صابراً وهذا الطيّار ثابتاً.

ثمّ أخذ العقل في عمله فرأى عجائب منه. وذلك أنّه رأى ماء مثل الماء الخارج من ينابيع الأرض سواءً. ورأى فيه ناراً مثل النار الكامنة في جميع الأشياء. ورأى فيه هواءً مثل الهواء الذي في العالم. ورأى فيه أرضاً مثل الأرض الباردة اليابسة لا تختلف بشيء. ثمّ لمّا أمعن في عمله وصنعته رآه في بعض أحواله مثل الزيبق سواءً. ثمّ رآه في حال أخرى مثل الرصاص سواءً. ثمّ انتقل إلى حال أخرى فصار مثل الأسرب لا يحظى منه شيئاً. ثمّ انتقل أيضاً فصار مثل الحديد أسود صلب رزين. ثمّ انتقل أيضاً وتصرّفت به الأحوال حتّى صار كأنّه النحاس لا يخالفه في شيء. ثمّ صار بعد ذلك فضّة كفضّة المعدن. ثمّ صار بعد الفضّة ذهباً أحمر

٩ يا إلهي] صحّ يا لا هي. ١١ عجائب] صحّ عجائباً. ١١ ماء] صحّ ما. ١٤ مثل] صحّ مثال. ١٧ أحمر] صحّ أحمراً.

ذائباً صابراً ثابتاً لا يفسد ولا يتغيّر. فعجب وقال: الآن علمتُ أنّ [السبعة] في الواحد شكل جميع الأجساد السبعة الذائبة ثمّ وشكل جميع الأشياء المكوّنة في بطون الأرض مثل الكبريت والمرّيخ والقار والنفط والملح والزاج والأحجار.

ثمّ أخذ العقل من ذلك الذهب الذي خرج له يسيراً جدّاً فطرحه على كثير من الفضّة الذائبة في النار. فصارت الفضّة ذهباً أجود من الذهب | المعدنيّ وأحسن لوناً وأرزن وأصبر على [١٤و] النار والدفن. فكانت هذه الأعجوبة أعجوبة أخرى يتّفق عندنا أنّه ذهب.

فقال العقل حينئذ: ما كنتُ أدري أيّ شيء أعجب من أمر هذا الإنسان وحكمة صنعته وما فيه من العجائب واجتماع الحكم والظرائف حتّى ظهر لي أنّ فيه شيئاً حقيراً يكون منه هذا كلّه يصير بعد الضعف على هذه القوّة العظيمة ويكون بالتدبير والتقليب بعد ذلك القبح بهذا الحسن. وينقلب هذا الانقلاب المتفاوت الذي لا يصدّق به أحداً بالصفة دون أن يعاين هذه العجائب منه. لقد ازداد كرم هذا الإنسان وشرفه وفضله على جميع الأشياء.

ثمّ فطن العقل بعد ذلك لمنافعه كما عاين تقلّبه في شبه الأجساد الذائبة وجريه. فوجده ينفع من جميع ما ينفع جميع نبات الأرض وعقاقيرها وغير ذلك. وجد الماء الخارج منه ينفع من جميع العوارض الحارّة اليابسة للحيوان. ووجدنا ناره ينفع من جميع الأعراض الباردة الرطبة العارضة للحيوان. ووجد هواءه ينفع من جميع الأعراض الباردة اليابسة العارضة للحيوان. ووجدنا أرضه ينفع من جميع الأعراض الحارّة الرطبة العارضة لأبدان الحيوان كلّه. ووجده يزيد على أفعال الأدوية جميعها والعقاقير وأشياء كثيرة ليست في العقاقير موجودة ولا في شيء من النبات. وذلك أنّه يفعل على طريق | فعل الأشياء بالخواصّ أفعالاً عجيبةً بالملامسة [١٤ظ]

---

١ السبعة] دليل على الإلغاء فوق الكلمة (صم). ١٤ ووجدنا] صحّ ووجدناه. ١٤ ناره] على الهامش بحروف حمراء.

والمباشرة في أسرع وقت حتّى أنّ الماء الخارج من هذا الشيء متى عقّد حتّى يصهر لقطع البلّور ثمّ وضع على العين الرمدة سكن وجعها للوقت ثمّ أبرأها بعد. ومتى وضع على كبد حامي سعة ذهب بحمّاه بتّةً. ومتى سقي منه جنين لمن به حمّى الدقّ أبراه للوقت وحفظ عليه رطوبة بدنه الأصليّة.

وأشياء يفعلها بالبرد والرطوبة من هذا النحو يطول شرحها حتّى لا يحيط بعددها وذكرها إجمال الكواغد الكثيرة. وكذلك هواءه وناره وأرضه لا تحصى ما فيها من المنافع التي يفعلها بالعلاج والتي تعملها بخاصّيّة فعل حتّى أنّه ربّما حوذي بدن بعض الحيوانات بشيء من أركان هذا الواحد محاذاة على بعد ذراعين أو ذراع. فعمل فيه شيئاً يظهر فيه للوقت. وهذه الأفعال كلّها لأركانه مفردة. فإذا امتزجت هذه الأركان واختلطت فحدث منها الشيء المسمّى إكسيراً وهو الذهب الذي تقدّم ذكره. وُجِدَ فيه من المنافع أكثر مما يوجد في تلك الأركان وأعظم وأسرع فعلاً لا تحصى منافعه بتّةً ولا يحيط بها كلام ولا صفة لسان.

فحينئذ سبّح العقل للقديم الأزليّ الأوّل وقال: سبحانك سبحانك لقد ظهر من حكمتك وعجيب صنعتك وتدبيرك ما أبهرني وأعجزني. ولقد كبر تعجّبي من هذا الإنسان وما فيه
[١٥و] من العظائم والأعاجيب الباهرة الكثيرة العدد الطريفة | المعجزة قبل أن أقف على الخارج منه. فلمّا وقفتُ على ذلك رأيتُ أنّ هذا الخارج منه فيه هذه العجائب كامنة لا تظهر إلّا بالتدبير والتقلّب ازددت تعجّباً واستعظاماً لأمر هذا الإنسان. فيا ليت شعري من يكون من هؤلاء الناس مدركاً لمثل هذا وصانعاً له أنّه يكون بها على الحقيقة وأنّه يفضل بها على جميع الناس كلّهم فضلاً مبيناً ويكون هو ملكهم باطناً وأفضل من ملكهم الظاهر تفضيل عظيم ولا يقاس به أحد.

---

٩ فحدث] صحّ فحدث. ١٦ شعري] صحّ شغري.

فقال الأزليّ القديم الأوّل جلّ وعزّ للعقل: وإنّي لا أعطي علم هذا وعمله إلّا من كان متّبعاً لك أيّها العقل عاصياً للنفس عاملاً بعمل عبيدي المختارين الذين لا يكون فيهم كبر ولا تعظّم ولا ظلم ولا صغر همّه ولا بخل ولا شرّة ولا حرص ولا تدلّل لأحد ولا جزع من الأمور. والمتّبعين لك أيّها العقل هم الموافقون لي وهم أهل رضاي ورحمتي وهم الذين لا يظلمون ولا يستطيلون على أحد وهم أهل الصبر والتواضع والرحمة والعفو والسكينة والوقار والهدى الحسن والصمت الصالح والقنوع والرضى أو حبّ الخير وبعد الشرّ والكفّ والنزاهة عن سفك الدماء وإيلام الحيوان والتعطّف والرقّة على جميع الحيوان ناطقة وغير ناطقة وكبيرة وصغيرة. ومتى أعطيتُ أحداً هذه صفته علم هذا الإكسير وعمله.

[١٥ظ] فقد جعلتُ فيه ربوبيّة وإلهيّة. | وإن طغى وأظهر غناه لأحد من الناس وفرح فرحاً يبطره واستهان به وجعل غناه سنّة سبباً ليسفك الدماء وأذية الناس وغيرهم ولم يستنّ فيه بسنّتك الجميلة أيّها العقل ينزف عمره وأخرجت روحه من بدنه عاجلاً وجعلت روحه يتردّد في أبدان حيوان شقيّة تعبة مكدودة مضروبة عشرة ألاف سنة. وإن أذاع عمله وأظهره لأحد فقط ولم يعمل غير ذلك من الأفعال القبيحة فهو أسوأ حالاً وأعظم ذنباً وأكبر جرماً. جعلتُ عقوبته أن أسلبه العافية ثمّ أخرج روحه عن بدنه عاجلاً بعد تعذيبه بالأسقام. ثمّ عذّبتُه بإسكان روحه في حتت منتّنة حينئذ شقيّة متألّمة مضرورة ثلاثين ألف سنة. ولعنتُه أنا وملائكتي وخواصّ عبيدي في كلّ طرفة عين من هذا الثلاثين ألف سنة ثلاثين ألف ألف لعنة مضروبة في مثلها. ولعنتُ أفعاله كلّها في عمره كلّه. وألقيتُ في نفسه الهموم والغموم والكرب أضعاف ما يراه مما هي فيه. ولا أخفي عنها شيئاً من جميع ذلك حتّى ينتن ويتألّم ويتوجّع في الخسران والهموم والشقاء وعظم المصائب طول هذه المدّة.

---

١١ الجميلة] مضاف على الهامش. ١٢ ألاف] صحّ ألف. ١٣ أسوأ] صحّ أسو.

قال العقل عند ذلك: إلهي وسيّدي لقد عظّم عليّ وكاد يهلكني وعيدك وتهدّدك لمن أظهر وأبدى هذا العمل الشريف الرفيع. وإنّي غير مظهر له ولا أزال أكاد أن أخفيه ولن يبلغه إلّا من أردت بقدرتك وقوّتك بكون ذلك وبكون جميع الأشياء. وإنّي | [١٦و] لأعلم يا إلهي وسيّدي أنّه من بلغ علم هذا الشيء الشريف وعمله فلن يبلغه إلّا بمعونتك لديّ. وذلك لن يبلغه ويناله من الناس إلّا من كان متّبعاً لي كما أوعدتّني. فإذا ابتغى قويتُ فيه وكانت سياسته في جميع أموره عقليّة. وإن حاد بعد بلوغه عني وضلّ عن اتّباعي فليس ذلك إلّا باتّباعه النفس وشهواتها والانهماك في لذّاتها لأنّها مشتهية توّاقة. فإذا تمكّنت من الذهب والفضّة الذَيْنِ بهما ينال كلّ شيء انهمك في اللذّات وأطلق نفسه في الشهوات فصار متّبعاً هواه وشغلته اللذّات الجسدانيّة عن اللذّات العقليّة التي هي أفضل من لذّات الجسد.

فإنّي أعلم يا إلهي أنّه من بلغه من الناس بِمَ استسنّ فيه بسنّتي احتوى على علوم الناس النافعة لهم جميعاً واحتوى على أعظم من ذلك لأنّه إذا علمه يعلم. وبلغ آخره ونهايته وعرفه بعلله وعرف كيف خلق الأوّل القديم جميع الأشياء وعلم كيف يتكوّن الأشياء كلّها وكيف تكوّنت. وعلم كيف يكون شيء عظيم من شيء حقير صغير. وعلم حقيقة الكون والفساد وعلم علم الطبيعة النافع وعلم من علم الطبيعة علم الطبّ وهو معالجة الحيوان من الأمراض العارضة لهم والأدواء المؤلمة ودفعها عنهم. وعلم كيف يتطرّق إلى معرفة قوى العقاقير ونبات الأرض كلّه. وعلم من علم أحكام النجوم أكثره. حديث فيه كهانة ودراية. فلا يكاد يحظى | [١٦ظ] في أكثر أحكامه وقضاياه من النجوم على الأشياء الكائنة. وعلم علم الطلسمات والنِيرَنْجَات والرُقَى والأُخَذ والسحر وهذه العلوم الغامضة المشكلة الممتنعة عن الناس جميعاً. إن يدركوها وهي التي تنفعهم ضروب المنافع فإن أتبع الإنسان المدرك لهذه الصنعة عقله وعصى هواه علم هذه العلوم كلّها وأتقنها. ومتى اهتمك في اللذّات وشغل أوقاته يطلب الشهوات الفانية المرذولة المؤذية لم يتعلّم شيئاً من هذه العلوم.

قال أبو بكر بن وحشيّة: هذا آخر ما كان في الكتاب الذي أعطانيه الشيخ المغربيّ من علم الصنعة التي تدعى بالكيمياء خاصّة. قد نقلتُه إلى كتابي هذا. فأمّا ما كان فيه من علم الطلسمات والسحر والرقى والنيرنجات فقد أفردتُ لكلّ واحد من هذه كتاباً ذكرتُ فيه جميع هذه الصناعة بعللها وأسبابها. وكشفتُ منها ما لم يكشفه أحد قطّ. وزدتُ في هذه العلوم معما وجدتُه في كتاب المغربيّ ما استنبطتُه أنا وما سمعتُه من أفواه الرجال وما عاينتُه من أفعال قوم لقيتُهم فاعلم ذلك إن شاء الله تعالى.

قال أبو بكر بن وحشيّة: فلمّا نسختُ الكتاب ورددتُه إلى الشيخ المغربيّ المعروف بالقمريّ وشكرتُه ودعوتُ له دعاءً كثيراً وأثنيتُ عليه ثناءً حسناً طويلاً وقلتُ له: إنّي لا أزال أدعو لك في صلواتي وأحصّلك بصدقات كثيرة في طول عمري. | وأنشر ذكرك في البلدان [١٧و] في حياتك وبعد وفاتك. وإنّني عليك في الأمم ومن ألقاه من الناس. وأدوّن الكتب وأسندها إليك. وأبتّ ذكرك فيها. وأعمل كلّ ممكن مما عمله يسرّك أبداً ما حييتُ. ففرح الشيخ بذلك وقال لي: أنت نعم التلميذ. ولقد ذكي ذرعي ورعي فيك وحسّنت يدي عندك.

فقلتُ له: أيّها الشيخ المبارك فإنّي أحبّ أن أسألك عن مسائل. إن تفضّلتَ بإجابتي عنها فأنت وليّ ذلك وإن لم تفعل فلا لوم عليك ولا تعنيف.

قال: سَلْ بارك الله فيك عمّا تريد فلن أبخل عليك بما أعلمه.

قلتُ له: أيّها الشيخ الرئيس الجليل أنّي قد كتبتُ هذا الكتاب الذي أعطيتَنيه وقرأتُه وتدبّرتُه وأظنّ أنّي قد فهمتُه. وبقيتُ لي فيه شكوك أجدها في باب الصنعة خاصّة. إنّ جميع ما فيه من ذلك أعلم أنّه حقّ لكنّني لا أهتدي إلى الوجه في قيام الحجّة لها. فإن رأيتَ رحمك

---

٣ النيرنجات] النرحات. ٧ نسختُ] صحّ أنسخت. ٨ كثيراً] صحّ كثير. ٩ أدعو] صحّ أدعوا. ١٢ ذكي ذرعي] صحّ تربي درعي.

الله أن تشرح لي من ذلك ما يزيل عني الشكوك في جميع ما كان في ذلك الكتاب فهو أحبّ إليّ. وإلّا فما فيه من الصنعة خاصّة.

قال الشيخ المغربيّ: أمّا أوّل ما أجيبك عنه وأفهّمك هو يعنّ قولك أنّي قد فهمتُ الكتاب. ثمّ قلتَ الآن أَزِلْ عني الشكوك فيه كلّه أو في باب الصنعة منه خاصّة. ولو فهمتَه لعلمتَ [١٧ظ] أنّه كلّه صنعة من أوّله إلى آخره. فهذا باب من التفسير والإفهام | لك فيه فائدة كبيرة. وأمّا قولك عرّفني في قيام الحجّة فيه كلّه وإنّ الجواب عن شيءٍ شيءٌ بما فيه يطول الشرح فيه جدّاً حتّى أنّه لا يضبط ولكن اختصر في المسألة عن شيءٍ شيءٌ مما يقرب حتّى أجيبك عنه. وما أشكّ أنّك قد علمتَ أنّ فيه أصولاً وفروعاً في هذه الصناعة. فإن كنتَ بالأصول عارفاً فسَلْ عن الفروع. وإن كان معك من الفروع علم فسَلْ عن جميع ما هو ظاهر من الأصول أجيبك عنه.

قلتُ له: نِعمَ ما رأيتَ رحمك الله. ما قال هذا الكتاب من صفة الأوّل القديم وهو الله عزّ وجلّ ربّنا فإنّها صفة تخالف ما عليه الموحّدون. وأنت تعلم أنّ الأنبياء عليهم السلام أتوا بالآيات المعجزات ووصفوا القديم بصفات. فأعرض أكثر الناس عنهم ولم يقبلوا منهم. فكيف يُقبَل ما في كتاب قديم بمدينة منف لا يُدرى من كتبه ولا من هو؟

قال المغربيّ: هتك لم [تأخذ] ما فيه في كتاب وإنّما شافهك به إنسان. لما انظر فيه بعقلك واترك التعصّب. وكذلك افعل بكلّ دعوى. فهذا وجه طلب الحقّ. وقد كلّم كلّ قوم في بدء الخلق شيئاً ووصف كلّ واحد صفة هي كلّها مختلفة لم يتّفق اثنان على معنى واحد. فاجعل ما في هذا الكتاب يجري مجرى تلك الأشياء المختلفة المذكورة في بدء الخلق.

---

٨ أصولاً] صحّ أهوالاً. ٩ فسَلْ] صحّ فسأل. ١٢ أتوا] صحّ أتو. ١٦ وكذلك] صحّ وكذلك وكذلك.

قلتُ: فمعنى الكلام فيه أنّ كلّ شيء ذات القديم والقديم سبحانه أب وأمّ لكلّ شيء. وهذا الكلام يستشنع لا يسوغ قبوله.

قال المغربيّ: ليس يثبت الحقّ ويبطل الباطل من حيث يستشنع أو ينساغ | لأنّ قولك يستشنع [١٨و] وينساغ هو بالإضافة ما لم تجرّبه العادة. فهو يستشنع لأنّه يخالف للعادة وربّما كان الحقّ فيه وكان الباطل فيما قد اعتاد وألف. وهؤلاء النصارى قد ألفوا واعتادوا عبادة الصليب والهند عبادة الأصنام. فمتى ورد عليهم التوحيد استشنعوه ولم ينساغ لهم قبوله. فلمّا بتّت هذا ووجد كان الوجه في طلب الحقّ في الأمور أن [تبطر] فيها أنفسها ولا تكيّفت إلى الشنعة والعادة. ويعرض على العقل السليم من الهوى والتعصّب. وهذا رأي في هذا الكتاب هو دين القبط القديم وهو ناموس أصحاب الصنعة على وجه الدهر. فاعلم ذلك.

قلتُ: فالذي ذكر فيه أيضاً من أنّ النفس والعقل جوهرَانِ لم يذكرهما في الجسم ولا في أعراض وليس بعقل الناس إلّا جسماً أو عرضاً. فأيّ شيء هذا أيضاً؟

قال الشيخ المغربيّ: إنّه لمّا ثبت أنّ الأشياء كلّها الأوّل القديم هو رأس لها وأب ومبتدأ اختلفت كما نشاهد من اختلافها للعلل التي تقدّمت في صدر الكتاب. أستغني بذلك عن إعادتها هاهنا. انقسمت في اختلافها إلى ثلاثة أقسام: أجسام وأعراض وجواهر لا جسم ولا عرض. فكما ميّزنا بين الأجسام والأعراض بالمشاهدة المؤدّية إلى العقل الصحيح لذلك أيضاً وجدنا شيئاً ثالثاً متميّزاً عن الجسم والعرض وهو العقل والنفس فجعلناهما جوهرَيْنِ غير الجسم والعرض. لمّا شاهدنا من الاختلاف والفرق | بينهما وبين الجسم والعرض ووجدنا [١٨ظ] لها أفعالاً وتأثيرات ينفردَانِ بها عن مشاركة الجسم والعرض. فوُضِحَ أنّهما موجودَانِ لا

---

[١] سبحانه] صحّ سبحاً. [٣] ينساغ] صحّ ينساع. [٤] ينساغ] صحّ ينساع. [٦] ينساغ] صحّ ينساع، مصحّح على الهامش.

جسم ولا عرض وأنّهما معنى ثالث قبلنا جوهرَيْنِ لا جسم ولا عرض والدلالة على ذلك أشياء غير ما وصفتُ. ولكنّ لعلمي بجودة فهمك وذكاء قريحتك وسرعة فطنتك [ألقيتُ] ببعض الدلالة التي هي أوضحها من بعض.

قلتُ له: فإنّي أعدل عمّا بقي من هذا الباب في نفسي لأنّي قد رأيتُ سلوكك في الأجوبة عن المسائل فيه. وأسأل عن الموضع الذي فيه ذكر الإنسان وتكوّنه. فأَخْبِرْني هو الإنسان على الحقيقة يشبه العالم حتّى يستحقّ أن يسمّى عالم صغير أم ذلك فيه على الأشبه الأخلق؟

قال المغربيّ: لا بل هو في الحقيقة عالم صغير لأنّ فيه جميع ما يوجد في العالم موجود من صغير وكبير ولطيف وكثيف وجسم وعرض وجوهر لا جسم ولا عرض وجميع المكوّنات من المعدنيّة والنبات والحيوان والأنهار والبحار وما في الأسفل والأعلى كلّه على التمام والكمال لا يخرج منه شيء البتّة. فلذلك سمّته الفلاسفة الحكماء كلّهم عالماً صغيراً لا يختلفون في ذلك لأنّهم لم يشكّوا فيه.

قلتُ: فهل يوجد فيه ومنه جميع ما يوجد في العالم بالفعل؟ وإنّما ذلك فيه بالقوّة ولا يخرج إلّا بالفعل. وما الدليل على ذلك؟

قال المغربيّ: الدليل على ذلك أنّه لمّا كان جميع ما في العالم على اختلافه إنّما هو من جوهر وطبائع أربع ونفس. وجب على الحقيقة أن يوجد فيه جميع ما وُجِدَ في | [١٩و] العالم لعلّة المساواة والشبه في الأصول التي بها ومنها يكون الأشياء. فذلك كلّه موجود في الإنسان بالقوّة ويجوز خروجه إلى الفعل كلّه إلّا أنّه لا على الإنسان إخراجه كلّه وإنّما يمكنه إخراج بعضه حسب مدّ عمره مقدار عمره. ولو امتدّ عمره مدّة أطول من هذا المقدار الذي هو له

[١] قبلنا] صحّ قبلنا. [٢] ألقيتُ] صحّ النفين. [١٩] أطول] صحّ لطول.

وكان له من المعرفة بالأمور أكثر بما هو له لا يخرج إلى الفعل جميع ما في القوّة. وفي هذا شكوك وكلام يطول هو خارج عمّا أنت بسبيله لأنّك تسأل عن شيء واحد. فاقصر قصد المسألة عنه ودَعْ السؤال عن إخراج جميع ما يمكن إخراجه من القوّة إلى الفعل من الإنسان عن العموم إذ ذلك خارج عن عرضك.

قلتُ: نعم. أَخْبِرْني ما الدليل على أنّ في الإنسان شيء أو أشياء تكون منها فضّةً أو ذهباً مشاكلَيْنِ لما يخرج منهما من المعدن؟

قال: لمّا كان الإنسان عالماً صغيراً وفيه جميع ما في العالم وكان في العالم طبائع لمّا ائتلفت على مقاديرها مع الجوهر جاء منها ذهب وفضّة. وكان مثل تلك الطبائع موجود في الإنسان لا فيه جميع ما في العالم وجب وصحّ أنّ فيه شيئاً أو أشياءَ يكون منها ذهباً وفضّةً مثل المعدنَيْنِ.

قلتُ: زِدْني في الدلالة على ذلك وأَوْضِحْه لي فضل إيضاح.

قال: نعم. ألا تعلم أنّ تكوين الذهب والفضّة في معدنهما إنّما هو من زيبق وكبريت تجتمعَانِ؟ فيطبخهما حرّ باطن الأرض. فينشف الجريلة الكبريت. وينشف الكبريت بلّة الزيبق. وتختلطَانِ | بطول الطبخ اختلاطاً جيّداً حتّى تكون منهما أجساداً ذائبةً. [١٩ظ]

قلتُ: قد علمتُ ذلك.

قال: فلذلك هذا الإكسير المصنوع الصابغ للأجساد. إنّما يعمل ويصبغ من ماء ودهن وتربة أو من بياض وصفرة وقشر من بيضة. فالماء من هذا الحجر نظير زيبق المعدن والدهن نظير

---

٢ عمّا] صحّ عنما. ٥ شيء] صحّ شيا. ٩ ذهباً وفضّةً] صحّ ذهب وفضّة.

الكبريت والأرض منها نظير التراب في المعدن. فصار سواءً في الطبع والتكوين والتدبير وليس بينهما فرق.

قلتُ: قد وضح لي هذا. وبقي في نفسي شكّ آخر.

قال: سَلْ عن جميع ما يعرض في نفسك.

قلتُ: إنّ في غير الإنسان أشياء كثيرة يكون منها ماء ودهن وتربة. فما الدليل على أنّ هذا الإكسير يكون من شيء يوجد في الإنسان خاصّةً ؟

قال: قد كنتُ أظنّ أنّك قد فهمتَ هذا فيما مضى من الكلام قبل هذا الموضع. فأنّك قد سمعتَه مشروحاً. فإذا كنتَ لم تلتفتّ بذلك أو لم يعطف له فامضي فإنّي مكرّر عليك وزائد مع التكرير عليك إظهار شرح عظيم ما استجاز أكثر من تكلّم في هذه الأشياء النظريّة.

قلتُ: فإنّي أسأل ربّ العالمين مكافآتك على هذا.

قال: إنّ هذا الإكسير إنّما تقلّب الأجساد عن عينها إلى عين أخرى بالنفس التي فيه. وتلك النفس لا يتمّ لها ذلك الفعل إلّا بالاعتدال الذي تكسّبه الإكسير في التدبير. وتلك [٢٠و] | النفس ليست الماء ولا الدهن ولا التربة ولا هي الزيبق ولا الكبريت ولا الجسد ولا هي البياض ولا الصفرة ولا القشر بل هي شيء آخر يقوم في الإكسير باعتداله. وهذه النفس هي المدبّرة المكوّنة لما كنتُ قلتُه في ذلك الكتاب العتيق الموجود في مدينة منف. وليس يوجد في شيء أقرب من وجودها في الإنسان لأنّ الروح الحيّة فيه. فهذا واحد وأخرى أنّ

٩ استجاز] صحّ استحاز.

الإنسان أعدل جميع الأجسام المركّبة كلّها. فلمّا كانت هذه النفس والاعتدال الذي يقوم به موجودَانِ في الإنسان وجب أن لا يكون هذا الإكسير إلّا من الإنسان.

قلتُ له: إنّك قلتَ إنّ الاعتدال تكسّبه الإكسير من التدبير. ثمّ قلتَ إنّه موجود في الإنسان خاصّةً. فإذا كان الاعتدال مكتسباً للإكسير ليس بطبيعيّ فيه فسواءً علينا أخذنا عناصر من الإنسان أو من غيره.

قال: إذاً أخبرك حتّى لا تشكّ أنّ هذا الاعتدال لا يقدر أحداً على اكتسابه الإكسير الذي يوجد من غير الإنسان وذلك أنّه لمّا كان في الإنسان روح شهيّ لقبول الاعتدال لأنّ فيه جزءاً منه. وما يوجد من غير الإنسان ليس فيه ذلك الجزء من الاعتدال. فلا يكسب من التدبير ما ليس فيه شيء بتّةً. ونظير ذلك إنّه لو لم تكن في الهواء حرارة ما قبلته النار الحارّة. ولو لم تكن في الماء رطوبة | مع برودته ما قبله الهواء الحارّ الرطب. ولو لم تكن في الأرض [٢٠ظ] برودة مع يبسها ما قبله الماء البارد الرطب. ولو لم تكن في النار يبوسة مع حرّها ما قبلتها الأرض الباردة اليابسة. لذلك لو لم يكن في تلك الأشياء التي يصنع منه الإكسير اعتدال ما قبلت الاعتدال في التدبير. وهكذا أيضاً لو لم تكن فيها نفس أقوى بالتدبير على العقل ما فعلت شيئاً.

قلتُ: فهذه النفس وهذا الاعتدال معدوماً من جميع الأجساد المركّبة جملةً سوى الإنسان أو ربّما وُجِدَ شيئاً منها غير الإنسان مثل الحيوان الذي هو معه تحت الحياة أو في النبات الذي معه تحت النموّ.

قال: نعم. هذَانِ معدومَانِ من جميع الأشياء جملةً غير الإنسان. وذاك أنّ غيره من الحيوان عديم الاعتدال الذي هو فيه والنبات عديم الروح الحيّ الذي في الحيوان وعديم الاعتدال

أيضاً. فبُعْد النبات من الإنسان بمعنيَيْنِ وطبيعتَيْنِ. وبُعْد سائر الحيوان من الإنسان بمعنى وطبيعة واحدة.

قلتُ: قد اكتفيتُ بهذا الشرح. إن أسألك عن الأشياء المعدنيّة؟

قال: نعم. الأشياء المعدنيّة قد عدمت الروح الحيّ وعدمت الاعتدال وعدمت النموّ. فبعدت من الإنسان بُعْداً كثيراً فقلّت مشاكلها لذلك.

[٢١و] قلتُ: فكيف تختلط وتمتزج بشيء | خارج الإنسان مع هذا البُعْد الذي بينهما؟

قال: التدبير الحال في الإكسير والاعتدال الظاهر. فيه النفس القويّة القائمة في أجزائه صابرة. تقهر الجسد المعدنيّ. فتُحيله عن طبعه بالغلبة والقهر. فقد زال مع وجود هذه الغلبة والقهر. ذلك الظنّ الذي ظننته.

قلتُ: زِدْني في هذا!

قال: أتريد أفصح هذا الأمر حتّى أكون ملعوناً معاقباً؟ فإنّا لله وإنّا إليه راجعون.

قلتُ: إنّك تفرّج بكلامك كرب ذوي الكروب من طالبي هذه الصناعة وتزيل عنهم شكوكاً وهموماً قد أقرحت. قلوبهم.

قال: فإنّي أفعل إنّ من نظير ما غرّ فيك السمّ الذي يقهر اليسير منه كثيراً من الأجساد حتّى يخرج أرواحها منها. ثمّ يهرّئها حتّى يفصّل بين جلدها وعظمها. ولعلّ الذي صار فيها منه شيئاً لا وزن له. فهذه النفس الفاعلة قد ظهرت لك هاهنا.

---

[١] طبيعتَيْنِ] ممكن أيضاً طبيعة. [١٣] أقرحت.] أقرخت [١٤] من] مضافة تحت الكلمة. [١٤] الأجساد حتّى] علا بين الكلمتين: من.

قلتُ: فكيف يصير الإكسير مع دقّة طبعه ورقّته ولطافته في النار مع الجسد الذائب حتّى يتداخله؟

قال: أسأل الله أن يكفيني بشِرْك. فإنّي أراك تريدني على أمر لا نحلّ الكلام فيه. ألا تعلم أنّ تدبير الإكسير هو مثل تدبير المعدن؟

قلتُ: قد علمتُ ذلك.

قال: فينبغي أن تسلك في تدبيره ذلك المسلك حتّى | يؤدّي إلى طبع الحجر سواءً. فيصير [٢١ظ] مثل الذهب الإبريز الذائب. فإنّه إذا صار إلى هذه الحال داخل الجسد الذائب بما حدث له من الذوب في التدبير. وأنا أستغفر الله العظيم مما قد لفظتُ به من نسق هذه الأسرار العظيمة التي لم يكشفها على هذا النسق أحد ممن كان قبلي. والسلام.

قال أبو بكر بن وحشيّة: وهذا آخر الكلام الذي جرى بيني وبين الشيخ القمريّ نظر الله وجهه وصلّى على روحه. غير أنّه كلّمني بعد فراغه من كلامه بشيء آخر وقال: لا تظنّ أنّي في إطناب في مدح الإنسان وتشريفه وتعظيمه وما حكيتُ عن الكتاب العتيق من ارتفاع قدره أنّي مع ذلك أقول إنّه أفضل من الأشخاص العالية الروحانيّة الرفيعة فإنّ ذلك خطأ.

قلتُ: فإنّي أنا أفضّله عليهم وإن لم ترى أنتَ ذلك.

قال: فإنّك مخطئ.

---

٧ حدث] صحّ حدف. ١٢ الكتاب] صحّ الكتب. ١٥ مخطئ] صحّ محطي.

ثمّ لم يزل يحتج عليّ ويقيم البراهين على صحّة قوله وفساد قولي بكلام يطول شرحه حتّى علمتُ صدق ما يقوله وقبلتُه. وقلتُ في ذلك مثل قوله. ورجعتُ عن رأي فأعرفتُ أنّ الأشخاص العالية الرفيعة الروحانيّة أفضل من الإنسان. وذلك أنّه أعني الإنسان إنّما شُرِّفَ هذا الشرف وعُظِّمَ هذا التعظيم لوجود ذلك الشيء فيه الذي يكون منه هذا الإكسير| الجليل [٢٢و] القدر العظيم المحلّ ولأنّه مسكن العقل ولأنّه أعدل جميع المكوّنة لا كشيء غير ذلك. وتلك الأشخاص أشرف منه وأعظم وأجلّ لإجماع أشياء ليست للإنسان كثرة فيها ولها. وهذا آخر الكلام والسلام.

تحرّر هذا الكتاب المبارك المسمّى سدرة المنتهى للشيخ الفاضل الجليل العالم العلّامة أبي بكر محمّد بن عليّ بن وحشيّة رحمه الله في يوم الخميس المبارك سابع عشر شهر ربيع الآخر سنة ألف بعد السنة لهجرة الإسلام بمنيّة بني خصيب من أعمال الأشمونين.

تمّ الكتاب تكاملت — نعم السرور لماحنه
وعفى الإله بجوده — وبفضله عن كاتبه
وإن تجد في الخطّ عيب أو خلل — فسدّه فذاك من أزكى العمل
وقل تعالى ربّنا عن مثل — وعن عيوب في الورى تبدي خجل
سبحان من هو واحد في ملكه — فرد قديم دائم ولم يزل

رحم الله المصنّف والقارئ والكاتب إنّه على ما يشاء قدير. [وحمى] على هذا الكتاب المبارك لنفسه ولمن يشاء الله له [خير]. بعده الحقر الفقر [إلّا] رحمه +...+ العزيز المعترف بالفخر والتقصير يوحنّا بن غبير أبو الفرج المنفلوطيّ +...+ عفا الله عنه بمنّه وكرمه.

---

٨ تحرّر] صحّ تحر. ١٦ يشاء] صحّ سا. ١٨ والتقصير] صحّ والتعصر.

5. Die deutsche Übersetzung

[1r] Das *Kitāb Sidrat al-muntahā*

des Scheichs und Imams, des vorzüglichen und kenntnisreichen, des zu seiner Epoche und zu seiner Zeit einzigartigen Gelehrten, Abū Bakr Muḥammad b. ᶜAlī, bekannt unter dem Namen Ibn Waḥšīya der Nabatäer. Möge Gott sich seiner erbarmen und ihn inmitten des Paradieses wohnen lassen, durch seine Gnade und seine Güte.

Es las dieses Buch von seinem Anfang bis zu seinem Ende in seiner Eigenschaft als der absolut Geringste unter den Dienern Gottes und am meisten unter ihnen nach der Güte des Schöpfers und Gewährers des Lebensunterhalts Bedürfende und Ermangelnde, seine Sünden und Verfehlungen bekennend, die Vergebung desjenigen erhoffend, der nach der Bedrängnis die Erleichterung folgen lässt, Yuḥannā b. Ġubair [b.] Abī l-Faraǧ. Er bittet Gott um Vergebung und um Nachsicht ihm gegenüber, durch seine Gnade und seine Güte. Amen.

Welch Begehren, außer deine Barmherzigkeit, könnte der Bedürftige haben?
O Herr, der Ewige, der Einzige,
Du bist die Hoffnung auf Abwehr jeglichen Unglücks.
O der, den jede Kreatur verehrt!

[1v] Im Namen des barmherzigen und gnädigen Gottes, er allein ist mir Genüge.

Es sagte Abū Bakr Muḥammad b. ᶜAlī, bekannt unter dem Namen Ibn Waḥšīya, Gott erbarme sich seiner: „Die Weisen der früheren Völker und der vergangenen Jahrhunderte bemühten sich unablässig, ihre Weisheiten unter Anwendung von List und Tücke zu offenbaren, wie auch zu bekräftigen, was sie aufgrund eines Beweises der Bekräftigung für nötig erachteten, und zu widerlegen, was sie aufgrund eines Einwandes für widerlegenswert hielten. Sie legten dies in Büchern und ungebundenen Blättern nieder, damit es nach ihnen fortbestehen und diejenigen mit Deutlichkeit und Klarheit erreichen würde, die [nach ihnen] kommen und in der darauffolgenden Zeit hervortreten würden. Als sie es offenlegen wollten, nachdem seine Erläuterung außer Gebrauch gekommen war, und als sie erkannt hatten, dass ihre deutlichen Äußerungen nicht fortdauern können, legten sie ihre Geheimnisse und ihre Kenntnisse in Blättern und losen Blattsammlungen nieder. Und da es ihnen nicht möglich war, das, was sie besaßen, offen zu äußern und vollständig zu offenbaren, wiesen sie symbolisch darauf hin und hielten es durch subtile Rede und dunkle Ausdrücke geheim, damit jenes den Rang von kostbaren Schätzen einnähme, welche die Könige den Tiefen der Erde zuwiesen. Sie [d. h. die Könige] erstellten für sie Talismane und wandten List an, um alle Menschen insgesamt daran zu hindern, sie zu erlangen, bis auf diejenigen, welche ihnen gleich waren an Stärke und an Vorzüglichkeit des Werkes.

Und gleichermaßen vergruben die Weisen ihre Weisheiten und nützlichen Kenntnisse in schwerverständlicher, subtiler, dunkler und rätselhafter Rede, so dass die Unwissenden und diejenigen, die verderbliche Charaktereigenschaften aufweisen und deren Verstandeskräfte beeinträchtigt sind, nicht zu diesen kostbaren Dingen geleitet würden. Denn sie würden Unheil über die Angelegenheiten der Menschen insgesamt bringen. Verwirrung würde sich einstellen, welche die Formen des Niedergangs herbeirufen würde. In diesen würden die Vorteile für alle Menschen zunichte gemacht. Sie stellten sich die Lage der Menschen zu solch einer Zeit vor und sahen in ihr ein hässliches, sehr abscheuliches Bild. Deswegen verschleierten, verschlüsselten und verdunkelten sie ihre nützlichen, edlen, äußerst bedeutsamen und erhabenen Weisheiten **[2r]** und Wissenschaften derart, dass nur diejenigen zu ihnen geleitet würden, die mit ausreichend Verstand, vortrefflichen Ansichten, tiefgreifenden Gedanken und subtilem Scharfsinn ausgestattet sind.

Denn wenn die Weisheit jemandem zuteil wird, der diese Eigenschaft aufweist, dann wird er unter ihrer Führung gut handeln und sie an ihren Platz stellen. Wenn sie aber an jemanden fällt, der nicht so ist, so wird sein Verstand diese Bürde nicht ertragen können. Er wird sie offenbaren und offenlegen und er wird schädliche Dinge damit und mit anderem tun. Vielleicht sind diese Weisheiten und Wissenschaften Grund für die Vermehrung seines Ansehens, die Erhöhung seines Rangs, das Zutagetreten seiner Befehlsgewalt und seines Aufstiegs, denn er wird zum Herrn über die Menschen und zum Leiter ihrer Angelegenheiten. Sie sind [jedoch] gefährdet durch seine Unwissenheit über das Verfahren (*at-tadbīr*) und sein begrenztes Wissen über die Dinge, in denen ihr Untergang liegt. Oh Unheil, oh alles Unheil über eines der Völker, über dessen Angelegenheit jemand herrscht und es unterworfen hat, der keinen Verstand besitzt und in dem keine Weisheit ist. Denn wahrlich, ihr Leben wird eine Plage sein, ihre Lebensweise bedrückend, ihre Angelegenheiten werden in Verwirrung geraten und ihre Lage wird schlecht sein.

Aus diesem Grund haben die Weisen gehandelt, wie sie gehandelt haben, und ihre Weisheit verschleiert und geheimgehalten. Und ich meine nicht eine einzige Art der Weisheit und nicht eine einzige Kunst von den Wissenschaften, sondern alle im Allgemeinen. Die Leute der Wissenschaft und der Weisheit haben getan, was wir beschrieben und gesagt haben, da es für sie unerlässlich war, jenes zu tun, aus den Gründen, welche wir erwähnt haben, und den Umständen, die Alchemie (*al-kīmiyāʾ*) genannt werden, weil ihre Offenbarung [die Gefahr] birgt, dass eine Art von generellem Verderben für die Menschen bezüglich ihrer Lebensverhältnisse und darüber hinaus in den Angelegenheiten ihrer diesseitigen Welt einsetzen wird. Bei meinem Leben, wahrlich, die Weisen, wenn sie vermieden hätten, diese Kunst überhaupt zu erwähnen, so wäre dies von ihnen sehr gut gewesen, aber ihre guten Charaktereigenschaften und die Güte ihrer Seelen haben sie veranlasst, sie zu erwähnen. Darüber hinaus gefiel es ihnen nicht, sie allein zu besitzen und sie demjenigen vorzuenthalten, der ihrer vielleicht würdig sein könnte von denen, die nach ihnen kommen. Sie verfassten daher Bücher über sie, vermehrten **[2v]** die Rede und machten sie sehr lang. In dem, was sie in ihnen [d. h. den Büchern] beschrieben, waren sie sich uneinig. Einige äußerten sich über sie, als würden sie über die Medizin sprechen, und einige, als meinten sie die Religionen und die religiösen Gesetze. Einige formten ihre Rede über sie zu Gleichnissen und Geschichten (*ḫurāfāt*). Sie wandten in der Gesamtheit ihrer Rede über sie viele unzählige Künste an, so dass sie keine einzige Wissenschaft ausließen, nur um sie durch sie [d. h. die Wissenschaft] zu verbergen.

Ich hatte einen sonderbaren Mann von den Leuten des Maghrebs (*al-ġarb*) getroffen, der behauptete, dass sämtliche religiösen Gesetze und Religionen ihr ähnlich seien in Bezug auf die Vielzahl der Meinungsunterschiede zwischen den Völkern über sie. Und er begann für jedes Kapitel und jeden Begriff von ihr eine Ähnlichkeit zwischen diesem religiösen Gesetz und jenem religiösen Gesetz, zwischen dieser Religion und jener Religion anzugeben. Er behauptete, dass die Altvorderen über sie ihre Bücher verfasst hätten und dass sie ihren Nachfolgern empfohlen hätten, diese Bücher aufzubewahren, hochzuachten und wertzuschätzen. Die Verfasser nahmen in den Herzen der Leute ihrer Zeit einen erhabenen Platz und eine große Wertschätzung ein. Sie ehrten jene Bücher, bewahrten und verwahrten sie, während die Tage verstrichen und die Zeit verfloss. Nach den Schicksalsschlägen der Zeit betrachtete derjenige sie, dem sie zugefallen waren. Er fand in ihnen verschlüsselte Rede, die unterschiedliche Bedeutungen denkbar erscheinen ließ. In einigen oder in den meisten von ihnen war die Rede in der Art einer Ermahnung, eines Befehls oder eines Verbots [abgefasst]: ‚Tut dieses und nehmt euch vor jenem in Acht!' Sie nahmen dieses wörtlich und begannen das anzuwenden, zu befehlen und zu verbieten, was sie in jenen Büchern gelesen hatten.

Dieser Fremde, den ich zuvor erwähnte, sagte: ‚Weißt du nicht, dass ein bestimmtes Volk, nämlich die Hindus in Indien, ihre Toten im Feuer verbrennen, wodurch sie sie zu ehren beabsichtigen. Sie behaupten, dass sie ins Paradies eingehen würden. Wahrlich, jenes entspricht der Teilung in die einzelnen Bestandteile (*at-tafṣīl*) in dieser Kunst.

Und dass es ein weiteres Volk gibt, nämlich die Manichäer im Land der Perser, das sagt, dass es von Anfang an zwei gegeben habe. Und dazu gehört die Mischung der Welt, und sie meinen **[3r]** damit die Mischung des Feinen mit dem Groben, durch welche das Elixier hergestellt wird.

[Weißt du nicht,] dass ein Volk, das in Ägypten ansässig war, die Sterne anbetete und sie verehrte und die vier Elemente verehrte. Sie sagten: «Diese sind die Götter.» Und dies entspricht der Umwandlung des Elixiers (*taqallub al-iksīr*) von dem Vorgang der Dekomposition hin zur Vervollkommnung, denn es verwandelt sich in sieben Substanzen und vier Farben.

[Weißt du nicht,] dass ein Volk, nämlich die Christen, sagte: «Drei! Der Vater, der Sohn und der Heilige Geist.» Dies, da das Werk vollendet wird durch drei Dinge, Seele, Geist und Körper. Nichts vollendet sich aus Seele und Körper, ohne dass der Geist die beiden umhüllt.

[Weißt du nicht,] dass ein Volk sich mit Urin reinigt, da sie in ihren geheimgehaltenen, wohlverwahrten Büchern gefunden hatten: «Reinigt den Schmutz mit dem, was ihr zur Reinigung an Urin benötigt.» Und ein Volk sagte: «Der Urin von Kühen ist ein indirekter Ausdruck für die Flüssigkeiten, durch welche die Reinheit des Elixiers [erreicht] wird.» So verwendeten sie Urin zur Reinigung und die Frauen reinigten sich von den Menstruationsblutungen mit Urin. Sie hörten die Weisen sagen: «Löscht nicht das Feuer!» Sie wollten damit zum Ausdruck bringen, dass während der Phasen des Verfahrens das Feuer sich absolut nicht von der dem Verfahren unterliegenden Substanz entfernen darf. So entfachten sie unablässig das Feuer und löschten es nicht.

[Weißt du nicht,] dass ein Volk, nämlich die Muslime, einen Einzigen verehrt, da der Ursprung und das Werk aus einem entspringen. Und tatsächlich verzweigten sich die zahlreichen Dinge von diesem einen aus, wie die unendliche Zahl, die ihren Ursprung in einem hat. Und das Werk geht letztlich auf eines zurück, denn es begann mit einem und wird mit einem enden.‘

Der fremde Maghrebiner sagte: ‚Wenn ich beginnen würde aufzuzählen, was ein jedes Volk und die Anhänger einer jeden Religionsgemeinschaft und religiösen Gesetzgebung an religiösen Pflichten und Bräuchen ausüben, so würdest du bemerken, dass eine jede von ihnen **[3v]** dieser Kunst ähnlich ist in ihren Phasen.

Siehst du nicht ihre Gebete zu festgesetzten Zeiten in der Nacht und am Tag, die der Erschaffung des Werkes zu eben diesen Zeiten ähneln und denen das Beträufeln mit Flüssigkeiten und die Reinigung des Elixiers durch sie vorausgehen? Und siehst du nicht die Feste, während denen Handlungen ausgeübt werden, die der Gewohnheit in ihrer Lebensführung und der Verhaltensweise entsprechen, wie das Essen und Trinken. Die Freude daran ist vergleichbar mit der Vollendung und Vervollkommnung des Werkes. Man bedenke doch, dass ihre Ehrerbietung an einem von den sieben Tagen und ihre Gottesverehrung an diesen dem Werk an den sieben Tagen gleicht. Wenn an diesem Tag Arbeit anfiel, unterbrachen sie diese und unterbrachen die Arbeit jedes Mal im Abstand von sieben Tagen. Deswegen ruhten sie am Samstag, an diesem taten sie nichts. Der Samstag ist der Tag des Saturns und der Saturn ist ein Zeichen für die Kälte, die Trockenheit und die Schwärze, welche der Ursprung der Farben ist, und dies, da die Schwärzung unbedingt notwendig ist. Und solange sie sich der Schwärzung widmen, benötigen sie einen von den sieben Tagen, an dem sie sich dieses Werkes enthalten, welches an den sechs [übrigen Tagen] ausgeübt wird, während sie am siebten etwas anderes machen. Der Tag des Saturns wurde ihnen speziell zugewiesen, damit sie hingewiesen werden auf die richtige Methode des Werkes.‘

Al-Maġribī al-Qamarī sagte: ‚Wenn du die Thora betrachtest, welche sich im Besitz der Juden befindet, so findest du die Rede über den Beginn der Schöpfung, dem Anfang des Werk in dieser Kunst gleichermaßen entsprechend. Und es ist ein vollständiges, komplettes Kapitel, dessen Vervollkommnung sich am Ende des ersten Buches befindet und an einigen Stellen des Fünften Buches. Dann verwies [die Rede] auf die Vervollkommnung des Werkes und erläuterte es im letzten der Bücher, das ist das zehnte. Und wenn du die Angelegenheit der Christen, ihre Feste und ihre Religion betrachtest, **[4r]** so wirst du ihre gesamte Angelegenheit diesem Werk ähnelnd finden.

Was die Sabier anbetrifft, sie werden im Qurʾān erwähnt, so ist ihr religiöses Gesetz eines von den Kapiteln, vollständig von Anfang bis Ende. Und gleichermaßen die Zoroastrier, sie sind die Herrscher Persiens, denn ihre Angelegenheit ist in Bezug auf es deutlich, verglichen mit den restlichen Religionen, da sie Feuer und Wasser verherrlichen, ihre Toten an der Luft liegen lassen und sie nicht in der Erde begraben und nicht im Feuer verbrennen. Sie lassen ihr Feuer immer brennen und versammeln sich im Wasser und besprengen sich gegenseitig mit Wasser während des *Nairūz*-Festes, das sie «den neuen Tag» nennen und das ist der Zeitpunkt, wenn die Sonne in das Tierkreiszeichen Widder eintritt, und während des Festes, welches zu Beginn des Herbstes stattfindet, wenn die Sonne in das Tierkreiszeichen Waage eintritt. Wahrlich, hierin liegt nützliche und bedeutsame Erkenntnis für das Wissen um diese Kunst und das, was man zu diesen beiden ausgewogenen Jahreszeiten von ihr ausüben sollte. Sie vollziehen die rituelle Reinigung mit Urin und enthalten sich der Schlachtung von Kühen und von kleineren Tieren. Es wurde ihnen dies mitgeteilt, so dass die Welt erblühe und nicht zu Grunde gehe. Der Weise sprach zu ihnen: «Äußert euch nicht über jenes und tut es nicht kund!» So wiesen sie symbolisch auf diese unsere Zeit und enthielten sich der Rede. Bei meinem Leben, die Weisheit ist in ihrem religiösen Gesetz offenkundig.‘

Al-Maġribī sagte: ‚Denn ich denke wahrlich, dass ihnen das Paradies (*al-ᶜāqiba)* zukommt in jeder Epoche vor allen anderen Religionen, und dies aufgrund der Vollendung und der vorzüglichen Leitung während der Entstehung, des Fortdauerns und des Endes ihrer Religion. Und ihnen wurde mitgeteilt, was die meisten Völker nicht wussten, nicht verstanden und nicht erfassen konnten bezüglich der Deutung der Adamserzählung, seiner Erschaffung, wie ihn der Urewige, erhaben und mächtig ist er, erschuf und was ihm von der Eigenschaft der Paradiesgärten und des Wohllebens in ihnen zukommt, von der Eigenschaft des Ortes der Verdammnis (*dār al-ᶜiqāb*) und den Zuständen der Geister (*al-arwāḥ*) in ihrer Überführung [in einen anderen Aggregatszustand] und die Angelegenheit der Körper (*al-aǧsād*), nachdem die Geister aus ihnen herausgetreten sind. Ich meine die Körper der Tiere und diese ihre Zerteilung und ihr Verhalten **[4v]** gemäß seinen Regeln. Und was er ihnen erklärte von der Erzählung über den Satan und über seine Sache.

So ist der Brauch der Weisen in aller Ewigkeit, in der Vergangenheit wie auch in der Zukunft, dass sie sich um die Offenlegung ihrer Weisheiten bemühten, indem sie sich freundlich und gütig erwiesen, geheim hielten und verheimlichten, so dass sie sichtbar und verborgen seien; sichtbar für diejenigen, die einen zufriedenstellenden Verstand und tiefgreifende Gedanken besitzen, verborgen und unzugänglich [jedoch] für die Unwissenden, Unbesonnenen und die getrübten Verstandes. Diese Weisheit erhält derjenige, der von ihrem Rang ist oder ein wenig unter diesem.‘

Al-Maġribī sagte: ‚Ich für meinen Teil weiß, dass die Mehrheit der Menschen diese Kunst leugnet und ihre Existenz zurückweist. Sie sind hierin, in ihrer Widerlegung und ihrer Leugnung, sehr bemüht, in ihrer Entkräftung jedoch sind sie verschiedener Meinung, da sie [d. h. die Alchemie] gänzlich in Dunkel gehüllt ist, von Anfang bis Ende. Niemand wird zu ihr geleitet, außer ein Weiser, hochgesinnt, eifrig bestrebt, ausdauernd angesichts der Erfordernisse, unverdrossen, reich an Einsicht, fern der Narrheit, gemäßigten Gemüts. Und trotz alledem unterliegen diese und andere Anforderungen Geschick und Fügung, jedoch weisen sie einen Vorrang und einen Unterschied zwischen ihnen und zwischen anderen von den restlichen geforderten Dingen auf. Jede Sache in der Gesamtheit unterliegt dem Schicksal und Verhängnis und dem Glück und Unglück. Von den Menschen gibt es in allem einen, der durch günstiges Geschick beglückt ist, einen anderen, dem der Erfolg verwehrt bleibt, einen weiteren, der besonders befähigt ist, und einen Unglückseligen.‘

Ich sagte zu al-Maġribī: ‚Ich möchte dich nach etwas von der Angelegenheit dieser Kunst fragen, welche sich mir wiederholt stellt.‘

Er sagte: ‚Frage nach dem, was du möchtest!‘

Ich sagte: ‚Wer war derjenige, der mit dieser Kunst begann? Wo trat sie zutage? Und welches Volk hat sie erfunden und entdeckt? Falls sie durch den Verstand und durch Analogieschluss (*al-qiyās*) hervorgebracht wurde, und selbst wenn es anders gewesen, an welchem Ort trat sie zutage und bei welchem Volk **[5r]** und welcher Generation erschien sie zu Beginn?‘

Al-Maġribī sagte: ‚Du hast nach einer großen Sache und nach einem bedeutsamen Nutzen gefragt. Wisse, dass es darüber verschiedene Meinungen gibt. Manche Leute behaupten, dass Gott, erhaben ist er, sie Adam, Heil sei über ihm, gelehrt habe, zu der Zeit, kurz bevor er ihn aus dem Paradies vertrieb. Er habe sie ihn gelehrt, als er im Paradies war und er ihn über die Sünde unterwies, die er begangen hatte. Als er hinabkam auf die Erde und seine Nachkommenschaft sich vermehrte, habe er sie seinen Sohn Set gelehrt, und Set habe sie seinen Sohn gelehrt und so weiter, bis sie in Erscheinung getreten sei.

Und andere Leute behaupten, dass Gott, mächtig und erhaben ist er, sie dem Idrīs offenbart habe, der in der Sprache der Griechen Hermes ist, damit er durch sie Zuflucht nehme vor dem Diesseits, durch den Schutz Gottes, erhaben ist er, für ihn, vor den schmutzigen Errungenschaften und den anmaßenden Lebensweisen der Menschen.

Und wieder andere Leute behaupten, dass sie vielmehr ausgeübt worden sei durch ihn [d. h. Idrīs] und dass er über sie Bücher verfasst habe und symbolisch auf sie hingewiesen habe, wegen seines Begehrens, dass sie nach ihm zu den verständigen Weisen gelange, die sie nach ihm erstreben werden.

Andere wiederum behaupteten, dass Gott, erhaben ist er, sie Abraham, Heil sei auf ihm, gelehrt habe, der sie als erster praktiziert habe, und durch ihn sei sie in Erscheinung getreten.

Und wieder andere Leute behaupten, dass die Zauberer der Babylonier sie erfunden und sie entdeckt hätten. Sie sagen: «Sie werden nur Nabatäer (*an-nabaṭ*) genannt, weil sie die okkulten Wissenschaften erfanden (*istinbāṭ*).» Darüber hinaus sagen sie, dass sich alle Wissenschaften und nützlichen Künste sich von ihnen aus verbreitet hätten und in Erscheinung getreten seien.

Andere behaupten wiederum, dass diejenigen, die sie hervorbrachten, die Priester Ägyptens von den ägyptischen Kopten gewesen seien, damit meine ich die Bücher der Altvorderen über sie.

Andere behaupten, dass diejenigen, die mit ihr begannen, die Verständigen unter den Persern gewesen seien und dass sie sich deswegen rühmten gegenüber allen Völkern und die Könige bezwangen, Ländereien unterjochten und das Volk mit dem größten Besitz und dem meisten Silber und Gold waren, bis **[5v]** alle Könige der Erde ihnen unterstanden und unentwegt Gleichnisse über das Ausmaß ihres Reichtums formuliert wurden.

Andere behaupten, dass diejenigen, die sie entwickelt haben, die Philosophen Griechenlands gewesen seien, welche die okkulten und als schwierig erachteten Wissenschaften durch ihre tiefgreifenden Gedanken und ihren hervorragenden Verstand hervorgebracht hätten. Sie schlussfolgerten dieses, da keines der Völker vorweisen könne, was sie insbesondere an angewandter Medizin vorweisen könnten. Sie sagen: «Diese Kunst ist eine Art der Medizin, und die Gelehrten der medizinischen Wissenschaft sind auch die Gelehrten dieser Wissenschaft.»

Wieder andere Leute behaupten, dass die Sternkundigen Indiens durch ihren scharfen Verstand und ihre großartige Intelligenz sie hervorgebracht hätten. Und dies, da sie eine Kunst unter dem Einfluss der Sternkunde sei und sie «Schwester der Sternkunde und der Medizin» genannt werde. Und dass sie in Indien begründet wurde, sei passender aufgrund der Vorzüglichkeit ihrer genialen Begabung und der Schärfe ihres Verstandes.

Wieder andere Leute behaupten, dass sie in einem alten Tempel, der dem Rūmānus geweiht war, in einem in alter Sprache verfassten Buch gefunden worden sei. Und dass Rūmānus, nachdem er diese Stadt gegründet hatte, das Buch in einer Kammer, die sich in diesem Tempel befand, niedergelegt habe. Und dass ihre Grundlage nur in diesem Buch liege. Daraufhin habe es sich unter den Menschen verbreitet.

Wieder andere Leute behaupten, dass die Zauberer des Jemen sie begründet hätten und dass im Jemen ein Mann nach dem anderen und eine Frau nach der anderen erschienen seien und dass sie gewahrsagt und verborgene Geheimnisse verkündet und im Voraus gewusst hätten, was sein werde. Und es hätten sich an ihnen darin wundersame Dinge gezeigt. Sie hätten tief im Innersten verborgene Geheimnisse verkündet. Sie hätten die Geheimnisse in rätselhafter Sprache ausgedrückt und sie verkündet. Sie [d. h. die Leute] sagen: «Diese waren in der Lage über sie [d. h. die Alchemie] zu wahrsagen und brachten sie hervor. Sie lehrten und wandten sie an.» Sie sagen: «Ein Beweis für die Richtigkeit dessen ist, dass kaum jemand sie verstehen kann, außer derjenige, der die Gabe der Prophezeiung erlangt hat und zu Nachrichten gelangt ist über das, was immer besteht, aufgrund seiner natürlichen Veranlagung, die ihn darauf verweist, nicht durch die Methode der mathematischen Wissenschaften.»

Ich sagte zu al-Maġribī: ‚Und du, was sagst du darüber und in welchem **[6r]** dieser Aspekte und in dem, was du gehört hast, liegt nach dir die Wahrheit? Denn wenn ich an etwas zweifelte, so war es die Richtigkeit dieser deiner Kunst und dass sie dir zu eigen ist und du ihrer kundig bist.'

Al-Maġribī sagte: ‚Gemach, möge Gott sich deiner gnädig erweisen! Du hast in deiner an mich gerichteten Rede über jenes Unkenntnis in Bezug auf die Traditionen der Gelehrten dieser Kunst bewiesen und ihre Unterweisung [an dich] unberücksichtigt gelassen. Dies lässt deine Unachtsamkeit erkennen!'

Ich sagte: ‚Ich bitte dich, tadele mich nicht wegen dem, dessen du mich bezichtigst, und setze mir nicht zu wegen meiner Angelegenheit. Erläutere mir den Aspekt meines Fehlers, damit ich ihn erkenne!'

Er sagte: ‚Ja, ich werde dies tun. Es ist sehr wahrscheinlich, dass derjenige, von dem wir vermuten und glauben, dass ihm diese Kunst zu eigen ist und sie für ihn wahr ist, nicht nutzlos ist. Ein jeder von ihnen gehört zu einer von zwei Gruppen, entweder, dass es so sei, wie du es annahmst und wie du ihn dir vorgestellt hast, oder entgegen deiner Ansicht, dass er [nämlich] nichts von ihr erfasst hat.'

Ich sagte zu ihm: ‚[Es ist so] wie du sagst.'

Und er sagte: ‚Und wenn es sich entgegen deiner Ansicht verhält und du zu ihm sagst, was du zu mir gesagt hast, dann sinkst du in seiner Achtung und er erkennt, dass du nicht mit dem Licht Gottes gesehen hast. Und wenn es so ist, wie du annahmst und sie ihm zu eigen ist, wie du vermutetest, dann macht er dich verhasst, da er erkannt hat, dass du von ihm ein großartiges Geheimnis erfahren hast, dessen Geheimhaltung er in jeder Hinsicht wünscht und er deine Anwesenheit als lästig empfand und sehr deine Abreise wünschte. Denn es ist richtig, dass du dies nicht selbst offenbart hast, wann auch immer du dies von der Angelegenheit dachtest.'

Ich sagte ihm: ‚Ich bin einverstanden mit deiner Zurechtweisung und danke dir für deinen Rat. So antworte mir, worin für dich bezüglich meiner Frage die Wahrheit liegt. In welchem dieser Aspekte, welche du aufgezählt hast, besitzt du Kenntnis über sie?'

Er sagte: ‚Ja! Wahrlich, derjenige [spricht die Wahrheit], der annimmt, dass sie in Ägypten entstanden sei. Dies ist eine Annahme, gegen die es kein überzeugendes Argument zu geben scheint, da ich die alten Bücher über sie gesehen habe, deren aller Entstehungsort Ägypten war. Was sich im Besitz anderer Völker befand und die unter ihnen [verbreiteten] Bücher sind vielmehr aus ihrer Sprache übersetzt worden, wie es auch die Heilkunde unter den meisten **[6v]** oder allen Völkern ist, die in Wirklichkeit nur aus der griechischen Sprache in diese Sprache übertragen wurde. Hier ist ein Aspekt, den ich nicht erwähnt habe. Wir hatten einen Scheich von den Bewohnern des Maghrebs, der ihn erwähnte.'

Ich sagte: ‚Und was ist dieses?'

Er sagte: ‚Wir hatten einen Scheich, der behauptete, dass seit langer Zeit ein Buch in der Stadt Memphis im Gebiet Ägyptens existiere, das in einer der von den Kopten nicht mehr verwendeten Sprachen geschrieben wurde. Das Papier dieses Buches sei kräftig weiß gewesen und habe den zeitlichen Verfall überstanden, man weiß nicht woraus es ist, Zeilen seien mit grüner Farbe geschrieben gewesen, über denen gelbe Farbe angebracht war, von der man nicht wusste, was sie sei, wobei allerdings derjenige, der es betrachtete, behauptete, dass es flüssiges Gold sei.

Die Leute jener Gegend suchten das Buch auf, betrachteten es und wussten nicht, was in ihm steht, bis Hermes erschien. Er betrachtete es, verstand es und wusste, was in ihm ist. Sie behaupteten, dass in ihm die Talismankunde verdeutlicht, die Kunst der Alchemie erklärt sei und die schwarze Magie (*siḥr*) und die Herstellung von Zaubermitteln (*nīranǧāt*) und andere okkulte Geheimwissenschaften mit Buchstaben geschrieben worden seien, von denen sie bald annahmen, dass sie in der himyaritischen Sprache seien, bald vermuteten, dass sie von einer der alten, nicht mehr verwendeten Sprachen der Kopten stammten. Ich nehme an, dass sie überhaupt nicht von einer der Sprachen stammen. Vielmehr waren sie von einer Schrift, welche die Verständigen auf ihre Bedeutungen hinwiesen, da sie behaupteten, dass die Buchstaben jenes Buches allesamt geformt gewesen seien nach dem Abbild der gesamten Tierwelt, der Land- und Meeresbewohner und der Vögel. Er beginnt [zunächst] mit einem Buchstaben, dann fügt er einen weiteren hinzu und dann [wieder] einen weiteren. Er verbindet sie mit irgendeinem Bild. Die Schrift dieses Buches bestand von Anfang bis Ende gänzlich aus Bildern. Gott, mächtig und erhaben ist er, ließ nämlich Hermes Intelligenz und göttliche Führung zuteil werden, daher erkannte er alles, was in ihm war, erlangte Kenntnis darüber und lehrte es.‘

Ich sagte zu al-Maġribī: ‚Hat euch euer Scheich etwas von seinem Inhalt erwähnt und welches **[7r]** seine Übersetzung ist?‘

Er sagte: ‚Ja. Unser Scheich erwähnte, dass seine Übersetzung *Das Buch, das die gesamte Weisheit enthält* (*al-Kitāb al-Ḥāwī li-l-ḥikma kullihā*) sei. Er erwähnte in der Tat etwas von seinem Anfang, dass er im Gedächtnis behalten hatte. Daraufhin berichtete er uns nach einiger Zeit, dass ihm das Buch in Form einer Übersetzung und eines Kommentars in der Sprache der Kopten zugefallen sei, und dass dies von Hermes stamme und die Leute es verbreitet hätten. Er sagte: «Und dies ist die Tafel des Hermes, welche aus grünem Smaragd besteht, beschrieben mit flüssigem Gold.» ‘

Ich sagte zu al-Maġribī: ‚Bist du im Besitz dieses Buches?‘

Er sagte: ‚Ja! Ich besitze es und gebe es dir, aber ich vermache [es] dir wirklich nur unter der Bedingung, dass es geheim gehalten und nicht veröffentlicht wird! Es ist wahrlich ein Buch, durch dessen Inhalt jedes Wissen erlangt werden kann! Allerdings besitze ich nicht das ganze Buch von Anfang bis Ende. Vielmehr ist das, was ich von ihm besitze, das, was unserem Scheich, Gott möge sich seiner erbarmen, von ihm zufiel. Es ist [komplett] von Anfang bis Ende, wenn auch ein guter Teil verloren ging, und was übrig blieb, wurde uns übergeben.‘

Ich sagte: ‚So gewähre mir dieses, auf das Gott dir Vergebung, Gesundheit, ein langes Leben und immerwährende Existenz [im Paradies] zuteilwerden lasse.‘

Er sagte: ‚Ja!‘

Daraufhin trennten wir uns. Am nächsten Tag, und dies war ein Sonntag, händigte er mir aus, was ihm von dem Scheich zugefallen war. Ich sah hinein und siehe da, es war auf Arabisch geschrieben. Ein Übersetzer hatte es aus dem Koptischen ins Arabische übertragen. Und da zeigte sich auch, dass der Anfang genau wie dieses unser Buch beginnt: In deinem Namen, o Gott, Herr über den Nil Ägyptens und dessen Könige, Herr und Verwalter einer jeden Sache, der eine jede Sache in seinen Händen hält und sie belebt.

Ich berichte mit tiefer Einsicht über den Beginn dieser Welt in dem Ersten, Urewigen. Er besteht fortwährend und er wird der Gewaltige genannt. Nichts außer ihm ist mit ihm. Er ist eine einzelne und einfache Substanz. Er hat keine rational erfassbare Gestalt und ist bewegt durch eine Art des Stillstandes. Er ist die Gegenwart und die Ewigkeit, welcher dadurch beschrieben wird, dass er seine eigene Gestalt ist **[7v]** in seiner Urewigkeit und seiner Mächtigkeit bei seiner gleichzeitigen Wesenheit. Er hat kein Ende und keine Grenze hinsichtlich eines der Aspekte in seiner Wesenheit, nicht in seiner Mächtigkeit und nicht in seinem Wissen. Er betrachtet fortwährend sein Wesen, wie der Verstand die restlichen Dinge versteht und sich selbst versteht. Und jedes Mal, wenn er sein Wesen betrachtet, entsteht durch seinen Blick ein Sein. Dieses Sein wird sein Handeln, seine Schöpfung und seine Betrachtung oder sein Wort genannt. Dieses Sein ist von ihm und in ihm und für ihn. Wenn es für dieses Sein folglich keinen Anfang und kein Ende gibt, und wenn es für das Erschaffene keinen Anfang und kein Ende gibt, und wenn er der Ort des Ortes, die Zeit der Zeit, die Substanz der Substanz, die Seele der Seele und der Verstand des Verstandes ist, und wenn dieses ist von ihm und in ihm und durch ihn und für ihn, dann existiert folglich nichts, außer indem er er ist.

Die Seinsformen unterscheiden sich nur durch seine Betrachtungen und gemäß seiner Betrachtungen auf es und seiner Trennung (*tafrīq*) zwischen jeder Seinsform. Er ist für es und in Bezug auf es fortwährend. Und durch diese Trennung, welche seinen Betrachtungen folgt, teilen sich die existierenden Dinge in ihre Wesenheiten, obwohl er die Wesenheit der Wesenheit ist und jede Wesenheit er ist. Die Dinge wurden getrennt. Der Grund für ihre Trennung ist, was wir bereits erwähnt haben, und dieses Getrenntwerden und die Unterscheidung zwischen den Dingen. Und zwar dass einige von ihnen Substanz sind, die etwas tragen kann, andere von ihnen Akzidentien sind, die getragen werden können. Von diesen Akzidentien ist das erste die Hitze. Die Wesenheit dieser Hitze ist die Bewegung. Ihr folgt die Kälte, und die Wesenheit der Kälte ist der Stillstand. Die Hitze wurde zu einer bewegten Sache für immer und ewig, während die Kälte zu einer ruhenden Sache für immer und ewig wurde. Darauf folgen ihnen die Trockenheit und die Feuchtigkeit. Was die Trockenheit anbetrifft, so unterliegt sie dem Einfluss der Hitze und der Kälte. Ebenso die Feuchtigkeit, nur dass jeweils eine von den beiden Beeinflussten näher zu einem der sie Beinflussenden steht. Die

Trockenheit steht [nämlich] der Hitze näher, und die Feuchtigkeit steht der Kälte näher.

Daraufhin folgt jenem die Form, und sie ist auch zusammengesetzt **[8r]** und untersteht den beiden Beeinflussenden. Wenn die beiden Beeinflussten die Hitze der Bewegung haben und ihre Ruhe die Kälte ist in der Substanz, entsteht die Form. Und wenn jemand sich dieses vorstellt, dann ist diese Vorstellung die des Verstandes. Und wenn der Verstand sich den Nutzen von all diesem vorstellt, dann wird es zur Nichtexistenz – und dies ist etwas, was nicht existiert, außer in der Vorstellung seines Verstandes. Der Ewige, Urewige in seinen Betrachtungen und seinem in die Existenz Bringen dessen, was jenes ist, hört nicht auf [damit].

Die Seele war weder Substanz noch Akzidens, und ebenso war der Verstand weder Substanz noch Akzidens noch Seele. Und er wird fortwährend zusammengesetzt aus den Seinsformen, welche aus ihm heraus auch Seinsformen sind. Denn einiges verschmilzt mit dem, was durch seine Wesenheit gebildet wird. Daraufhin werden sie auch gegenseitig gebildet. Alles, was versteht und fühlt, bildet sich aus ihm durch seine Wesenheit, und das von ihm ist eine Zusammensetzung aus Ruhe und das Ganze ist nichts bis auf ihn.

Und er schuf vor dieser Welt insbesondere einen kreisförmigen Baum, dessen Zweige, Blätter, Wurzeln, Früchte und die Gesamtheit wie auch seine einzelnen Teile rund waren. Dieser Baum wurde gebildet aus dem Bestandteil seiner Existenz und er ist von ihm und für ihn und durch seine Schöpfung. Und dieser Baum war begrenzt in seiner Wesenheit und die Grenzen waren alle Gott, mächtig und erhaben ist er. Und dieser Baum gehört zu den Dingen, die der Zeit unterstehen. Als er ganz erschaffen war, unterstand auch er der Zeit. Es wurde bereits am Anfang des Buches erwähnt, dass der Ewige die Zeit der Zeit und der Ort des Ortes ist und der Ort und die Zeit beide zu seiner Wesenheit gehören. Die Existenz dieses Baumes, seitdem er aus dem Nichts in die Existenz heraustrat, dauerte 70 000 Jahre, so dass über ihn jetzt mit unseren heutigen Kenntnissen und unserer gewohnten Ausdrucksweise gesagt werden sollte, dass es ein Baum ist, der den Zeitraum von 70 000 Jahren überdauerte. Dies bedeutet nicht, dass er diese Jahre überdauerte, sondern eine Dauer, deren Wert diesem Wert in unserer jetzigen Zeitrechnung entspricht **[8v]**. Daraufhin betrachtete der Ewige ihn, und der Baum beugte sich vor seinem Blick. Es wird gesagt, er sei der Zizyphusbaum am äußersten Ende (*sidrat al-muntahā*), bei dem all das endet, was wir besitzen. Und die Bedeutung von ‚al-muntahā' ist, dass der Verstand dort endet. Als er ihn ansah, nach seiner 70 000 Jahre währenden Zufluchtssuche, verbrannte er und wurde in seiner Form gänzlich zu Asche. Die Bedeutung dieser Verbrennung war die Zerteilung, das heißt die Zerteilung des Baumes in endlose Teile. Dann sah er sich die Asche ein weiteres Mal an, und die gesamte Asche bewegte sich und in jedem dieser Teile, welche unzählig waren, setzte eine gewaltige Bewegung ein. Der Bewegung folgte eine Hitze und die Hitze folgte ohne Zeit der Kälte und bringt mit sich die Feuchtigkeit und die Trockenheit.

Und ein jeder Teil von ihm [dem Baum] nahm den Platz des anderen ein in jedem Zustand. Ein jeder Teil von ihm war lang, breit, tief. Da dies die Eigenschaften des Stillstandes sind, nicht des Schöpfers, welcher ewig währt, sind sie für jedes Geschaffene notwendig, das ein Akzidens aufnehmen kann, um etwas anderes zu werden. Danach werden diese Teile mit der Hitze, der Kälte, der Feuchtigkeit und der Trockenheit in den Zustand in ihm [d. h. des Baums] herabgesenkt. Und er bewegt sich in einer unterschiedlichen Weisheit. Er verleiht ihm [d. h. dem Baum] die Seele. Und die Seele, sie ist wahrlich eine unfähige und für die Schöpfung unzulängliche Leiterin (*mudabbira*). Sie kann nur das tun, was er ihr von seinem Werk festgelegt hat. Das ist das Angleichen der Hitze und der Kälte, der Trockenheit und der Feuchtigkeit in den Somata gemäß ihrer begrenzten Kraft, nichts anderes, und sie ist angeglichen, festgesetzt und geschmiedet und steht zwischen dem langen, breiten und tiefen Körper und den vier Qualitäten. Wenn die Seele in diese Teile mit den Qualitäten eindringt, werden die Teile von dieser Bewegung in eine andere versetzt, außer sie ist eine Bewegung, die nicht durch Führung geleitet wird und nicht durch Einsicht gestärkt ist, sondern durch Zufall abläuft. Und sie ist schnell und langsam **[9r]**, manchmal schnell, manchmal langsam. Es versammeln sich bei ihm in dieser letzten Bewegung viele Körper. Diese Versammlung und diese Trennung ereignen sich nur in diesen Teilen, nachdem die Seele sie in ihre Bestandteile aufgelöst hat. Nachdem diese vielen Körper sich versammelt haben, erhalten sie durch ihre Vereinigung [d. h. der Seele] eine bestimmte Gestalt. Die Trennung und die Vereinigung begannen diese Teile allesamt in ihrer Gesamtheit zu quälen, außer dass diese Körper, welche Fülle genannt werden, die Vereinigung hatten. Und was von ihnen durch die Kälte schwer war, sank nieder zu ihrem Boden. Und was von ihnen heiß und leicht war, wurde kleiner, glatt und stieg über diese auf, wurde schneller in der Bewegung und Verwandlung und begann eilends nach oben zu steigen. Die Kälte verringerte sich in ihnen, wie sie auch aufstiegen und zu schwach waren, um durch sie niederzusinken. Es war ihnen unmöglich herabzusinken. Und sie erreichten in ihrem Aufstieg und ihrer Aufwärtsbewegung eine gewisse Geschwindigkeit.

Und die Seele setzte sie in Bewegung. Dann nahmen sie eine runde Gestalt an, da ihr Ursprung rund war. Ich meine den Baum und seine Teile nach der Verbrennung. Nachdem sie die runde Gestalt erhalten hatten, waren einige von ihnen den anderen zugeneigt. Und aus ihnen entstand der Himmelskörper. Nachdem ihnen diese runde Gestalt in ihrer Gesamtheit zuteil geworden war, ich meine damit, dass sie sich in einer runden Bewegung bewegten und ihre Bewegung durch die Seele und die Hitze war, wurden Teile in Bezug auf sie abgemildert. In ihnen stieg quantitativ die Hitze. Die Seele nahm einen sehr starken Einfluss. Daraus entstanden die Planeten. Der erste Planet, der entstand, war die Sonne. Und von der Sonne und jenen übrig gebliebenen Teilen gemeinsam entstanden die Planeten. Und was der Ausgewogenheit nahe kommt – und diese ist nicht eine Ausgewogenheit, die der Ausgewogenheit dieser zusammengesetzten Körper in der sublunaren Welt entspricht, sondern sie ist eine andere Ausgewogenheit, während jene Ausgewogenheit gar nicht ausgewogen ist – , so entstehen aus ihm die sich bewegenden Himmelskörper (*al-kawākib al-mutaḥaiyira*), **[9v]** welche da sind Saturn, Jupiter, Mars, Venus, Merkur und Mond. Was von ihnen am höchsten nach oben stieg, daraus entstanden die Fixsterne. Und die Sonne strebte nach der Mitte des Ganzen und dort befand sie sich. Daraufhin umschloss die Seele die Planeten und setzte sie in eine im Gedächtnis verankerte Drehung, deren Memorierung nicht durch sie, sondern durch den Verstand erfolgt. Und zwar dass der Ewige, welcher er ist, sie unterstützte, nachdem sie sich durch diesen Vorzug gegenüber dem Verstand auszeichnete. Sie drehte sich gemäß einer Reihenfolge und einer Memorierung und dem, was durch Übereinkunft, Weisheit, Ordnung von festgelegter Form, festgesetzt ist. Danach nahm in ihm die Kälte nicht mehr zu in Bezug auf diese Teile, welche aufgrund der sehr tiefen Temperaturen zu sinken begannen. Nachdem die Planeten die Erde lange umkreist hatten mit ihren planetaren Strahlungen in Bezug auf die Gesamtheit der Sphären, bildete sich aufgrund der großen Bewegungshitze das Feuer. Nachdem die Erde durch die planetaren Strahlungen heiß geworden war, wurde aus ihr das Wasser herausgepresst. Nachdem sich das Wasser erhitzt hatte, ging es in viel Dampf über. Und sein Dampf wurde, nachdem er mit dem Feuer in Berührung gekommen war, zur Luft. So entstanden zwischen dem Himmel und der Erde drei Elemente: das Feuer, die Luft und das Wasser. Jedes einzelne von ihnen ist eine Substanz, die aus diesen langen, breiten und tiefen Teilen zusammengesetzt wurde. Und jedes einzelne von ihnen wurde zu einem langen, breiten und tiefen Körper. Und in ihn drangen Qualitäten ein. Und dies sind jene Qualitäten. Was das Feuer anbetrifft, so wurde es nachdem jene Teile sehr erhitzt worden waren durch die Bewegung der Sphären und der Planeten in einer langen Zeit, heiß, trocken, entflammend durch die Vielheit dessen, was dem Körper an Hitze und Trockenheit durch die Vielheit der Hitze und ihrer Stärke ausfließt.

Was die Luft anbetrifft, so wurde sie, nachdem sie entstanden war zwischen dem Wasser und dem Feuer, heiß und feucht. Ihre Hitze entspringt dem Feuer und ihre Feuchtigkeit dem Wasser **[10r]**. Was das Wasser anbetrifft, so wurde es aufgrund seiner Entfernung von den Planeten und seiner Nähe zur Erde kalt und feucht. Was die Erde anbetrifft, so wurde sie ebenfalls aufgrund ihrer Entfernung von der Himmelssphäre, von den Planeten und vom Feuer kalt und da sie frei von feuchten Teilen war, welche aus ihr herausgepresst worden waren, wurde sie trocken. So ergab sich aus den natürlichen Eigenschaften der Elemente, dass die Erde kalt und trocken, das Wasser kalt und feucht, die

Luft heiß und feucht und das Feuer heiß und trocken ist. Die Erde wurde aufgescharrt, während die drei Elemente über ihr waren und die Himmelssphäre um sie 70 000 Jahre lang drehte. Es bildete sich nichts aus ihr, bis sich die Elemente untereinander vermischt und vermengt hatten. Nachdem durch sie die Mischung eintrat, entstanden aus ihrer Mischung die Steine, daraufhin die mineralischen Körper wie der Rubin, der Smaragd, der Kristall, der Onyx, der Naǧādī (?) und die diesen ähnlich sind. Daraufhin, als ein Umlauf länger geworden war, so dass sich ihre Bewegung beschleunigte, ich meine [die Bewegung] der Elemente, und ihre Mischung zunahm, entstanden aus ihrer Mischung auch die Pflanzen in den vielfältigsten Arten. Dann folgte den Pflanzen der Anreiz zur Bildung aller Tiere, die nicht mit Sprache begabt sind, in ihren zahlreichen Unterschieden in Größe, Kleinheit und anderen natürlichen Unterschieden. Die Entstehung dieser Körper, Steine, Pflanzen und Tiere geschah durch die Tat der Seele und den Beistand der Himmelsphäre und der Planeten für sie. Wenn die Seele nicht gewesen wäre, so wäre nichts von jenem. Und hätte nicht der Beistand durch die Planeten stattgefunden, dann wäre die Seele nicht zu dieser Tat im Stande gewesen. Was die Mischung der Elemente untereinander und die Zusammensetzung, dessen was sich aus ihnen bildete, angeht, so haben [dies] die Planeten getan. Und was die Form angeht und weiteres überdies hinaus, was den Personen zu eigen ist, so hat dies die Seele getan **[10v]**.

Und als die Seele sah, welche großartigen Wunder sich durch sie vollendet hatten, bildete sie sich aus Unkenntnis ein, dass sie vorzüglicher als der Verstand sei. Sie rühmte sich dessen gegenüber ihm. Der Verstand bückte sich tief vor dem Schöpfer in gedemütigter Haltung, den Urewigen, den Anfang und den Ewigen, welcher der Vater und die Mutter des Verstandes und der Seele ist. Der Urewige teilte ihm mit, dass er bereits gewusst habe, dass die Seele ihm [d. h. dem Verstand] gegenüber prahlen würde aufgrund ihrer Tat und ihrer Schöpfung, als er ihn erschuf, und dass die Seele der Meinung sei, dass der Verstand nicht fähig sei, das zu tun, was sie getan habe.

Dann sagte der Urewige, erhaben ist er, zum Verstand: ‚Mache etwas, das in sich die Gestalt all jenes birgt, was die Seele gemacht hat, und die Kraft all jenes, was sie erschaffen hat, und die Natur all jenes, was sich für sie von oben und unten getrennt hat. Dieses wird in einer kleinen Person vereinigt, deren Körper hinsichtlich seiner Fläche kein Maß hat, die aber [d. h. die Person] durch die Hinzufügung zur Welt einen wünschenswerten Zustand erlangen wird.‘

Da freute sich der Verstand: ‚O mein Vater und mein Herr, diese Sache ist wunderbar! Es ist wunderbarer als alles, was die Seele getan hat!‘

Der Urewige sagte ihm: „Ja. So ist es.‘

Der Verstand erschuf den Menschen und machte ihn zu einem Abbild und zu einer Abbildung der gesamten Welt, ihrem höchsten, niedrigsten und mittleren Punkt. In ihm ist die Ähnlichkeit der Himmelssphäre und von allen Planeten, die in ihr sind. Und in ihm ist die Ähnlichkeit der vier Elemente. Und in ihm ist die Ähnlichkeit aller mineralischen Steine. Und in ihm ist die Ähnlichkeit aller Pflanzen. Und in ihm ist die Ähnlichkeit aller Tiere. Und in ihm sind die Gestalten von all jenem. Und in ihm sind alle seine Naturen und von den Naturen der Gesamtheit der Welt und den Naturen aller aus den Elementen zusammengesetzter Körper. Und in ihm ist in Gänze die Gesamtheit dessen, was in die Existenz getreten ist in den vier Welten, von denen die erste die Welt der Fixsterne, die zweite die Welt der Planeten, **[11r]** die dritte die Welt des sprachbegabten Tieres und der vier Elemente, die vierte die Welt der Tiere, der Pflanzen, der Metalle und der mineralischen Steine ist. Und all dies ist gänzlich in ähnlicher Form und Gestalt im Menschen vorhanden. Er verlässt von dem nichts.

Als die Seele den Menschen sah, da erkannte sie nicht seine wahre Beschaffenheit und seine Bedeutung. Da rühmte der Verstand sich ihr gegenüber und er sprach zu ihr: ‚Welches ist besser in Bezug auf die Kunst, genauer in Bezug auf das Werk, wundersamer in Bezug auf die Entstehung und ungewöhnlicher in Bezug auf die Zusammensetzung, dein Werk, aufgrund dessen, was du getan hast, oder meine Zusammenfügung, die ich erreicht habe in diesem Ausmaß von der Fläche insgesamt?‘

Die Seele sagte: ‚Nein, vielmehr ist dieses wundersamer, ungewöhnlicher und großartiger. Dir gebührt jetzt der Vorzug über mich, ohne jeden Zweifel.‘

Daraufhin sagte der Urewige, der Vater und die Mutter zum Verstand: ‚Wohne jetzt in dieser Person, in der sich die Formen der gesamten Welt befinden und der deine Schöpfung ist. Es gibt wahrlich keine Wohnstätte, die passender für dich und edler ist als er, dass ein anderer als du in ihm sein sollte.‘

Da bezog der Verstand seine Wohnung im Menschen und stieg auf, bis er seinen höchsten Punkt erreicht hatte, da er feiner war als alles Feine. Und seine Feinheit war nicht von einer Art, von der man sagt, dass sie fein in Bezug auf einer Sache sei, sondern dies hat eine andere Bedeutung. So wohnte er im Kopf des Menschen, in seinem Gehirn. Der Mensch wurde damals vorzüglicher als die gesamte Welt, von ihrem Anfang bis zu ihrem Ende, von ihrem höchsten Punkt bis zu ihrem tiefsten. Er wurde zu einem König, der über die Tiere, die Pflanzen, die Metalle und anderes herrscht. Er erlangte hervorragende Kenntnis und gelangte zu allen Gegenden der Erde, ihres niedrigsten und ihres höchsten Punktes, ihren feinstofflichen und dichten Teilen. Der Verstand formte **[11v]** bei der Formung des Menschen eine Zahl der Menschen als Männer und eine andere als Frauen. Er veranlasste die Fortdauer ihres Geschlechts durch geschlechtliche Fortpflanzung. Und wenn die Personen einer nach dem anderen vergehen, so, will der Urewige, der Anfang doch, dass das Geschlecht als solches fortdauert.

Damals sagte der Verstand zu dem Schöpfer, dem Urewigen: ‚Mein Gott und mein Herr, ich weiß wohl, dass in diesem Menschen ein Abbild einer jeden Sache von den erschaffenen Dingen ist und dass du ihn geehrt und vorgezogen hast vor der gesamten Materie von dem Erschaffenen durch dieses. Und du hast ihn geehrt und ihm Vorrang auch über mich gegeben, obwohl er durch meine Tat entstanden ist und in ihm meine Wohnstätte ist. Ich weiß jetzt, ebenso wie in ihm alle natürlichen Veranlagungen der Welt sind und alle Formen, welche es in der Welt gibt, so sind in ihm alle Wunder, welche in dieser Welt sind. [Und ich weiß jetzt auch,] dass die Farben und die Variationen der natürlichen Veranlagungen in ihm sind, wie auch die Farben und die Variationen der natürlichen Veranlagungen in der Gesamtheit der Welt sind. Ich habe erkannt, mein Gott, dass du für ihn und in ihm jede existierende Sache vollendet hast, was dem Entstehen und Vergehen unterliegt (*taḥta l-kaun wa-l-fasād)* und alles was darüber hinausgeht. Ich für meinen Teil sehe die Welt als zwei Dinge, von denen ich nicht weiß, ob es in ihm etwas Entsprechendes gibt.‘

Der Urewige, der Ewige, sagte zum Verstand: ‚Welche sind diese beiden Bedeutungen, welche du nicht in ihm beobachtet hast?‘

Der Verstand sagte: ‚Mein Gott und mein Herr. Du hast mich geformt, allwissend, alles durchdringend, alles in sich vereinigend, nur dass das, was in mir ist, ein Ende hat, welches ich nicht zu überwinden im Stande bin, da du, o mein Herr und mein Gott, der Vollkommene an Wissen über jede Sache bist.‘

Da sagte ihm der Urewige: ‚Wahrlich, die beiden Bedeutungen gehören zu den Bedeutungen, die er nicht in der Lage ist zu begreifen.‘

Der Verstand sagte: ‚Ja, mein Gott! Gewähre mir Wissen über sie.‘

Der Schöpfer, der Urewige, der Ewige sagte: ‚Welches **[12r]** sind für dich die beiden Unklarheiten in Bezug auf diesen Menschen, der wissender darüber und weiser ist?‘

Der Verstand sagte: ‚Ich sehen in den Pflanzen und in anderen Heilmitteln zahlreiche nutzbringende Vorteile, welche den Tieren nützlich sind im Hinblick auf Krankheiten und Erkrankungen. Sie befreien sie von vielen Übeln und Schmerzen. Und dies ist die erste [Unklarheit]. Ich weiß nicht, welche Sache im Menschen einen diesen Vorteilen ähnlichen Nutzen hat, kräftigt und bei den Tieren vertreibt, was jene vertreiben. Was die zweite Bedeutung angeht, so sehe ich in der Welt, in dem, was in der Erde ist, Steine, die durch Feuer schmelzen, und das sind das Gold, das Silber, das Kupfer, das Eisen, das Schwarzblei (*al-usrub*), das Blei (*ar-raṣāṣ*) und das Quecksilber. Ich kenne es nicht und ich verstehe nicht, welche Form sich im Menschen befindet von diesen Steinen, die im Feuer flüssig, hart [aber] nach der Bearbeitung mit dem Hammer und dem Klopfen sind.‘

Der Ewige, der Urewige, der Mächtige, erhaben und mächtig ist er, sagte zu ihm: ‚Alles, woran du zweifelst, ist versammelt in einer einzigen Sache des Menschen. Dies ist gleichwertig dem, was in dem Menschen an Arten von großartigen Vorteilen von edler Wirkung ist, welche schneller sind und vollendeter an Wirkung als das Pflanzliche und die Heilmittel. Aber die Existenz, nach der du gefragt hast, o Verstand, ist eine einzige Sache des Menschen, eigenartiger und wundersamer als seine Existenz in zahlreichen Dingen.‘

Der Verstand sagte: ‚Gepriesen seist du, mein Gott. Wie gewaltig ist dein Rang, mein Schöpfer. Du bist heilig und erhöht, und erhaben ist deine Macht. Wie überaus zahlreich sind doch die Wunder deiner Weisheit, wie gütig deine Taten, wie erstaunlich deine Schöpfung, wie außergewöhnlich deine Tat **[12v]** und wie viel du doch an Wundern, Kuriositäten, Weisheit, besonderen Taten, und großartigen, erhabenen und zahlreichen Vorteilen in diesem an Körpergröße kleinen und an Körperfläche geringen Menschen vereinigt hast! Gewähre mir Kenntnis über diese eine Sache im Menschen, in dem sämtliche Vorteile aller Pflanzen und Heilmittel, die es auf der Welt gibt, vorhanden und in dem diese sieben schmelzbaren Metalle verborgen sind. Gewähre mir nach deiner mir zuteilgewordenen Unterweisung, was nötig ist, um diese Vorteile allesamt und diese Somata aus ihm zu extrahieren.‘

Der Urewige, der Anfang, mächtig und erhaben ist er, sagte zu ihm: ‚Ich nenne dir vier Dinge, die im Menschen vorhanden sind. In einem von ihnen sind alle Wunder, die ich dich gelehrt habe, dass sie in ihm sind. Nur habe ich es dir nicht einzeln, getrennt von den vier Dingen, genannt, damit du es unter ihnen entdecken wirst. Ich habe festgelegt und bestimmt, dass die kostbaren, edlen und gewaltigen Dinge einigen meiner Kreaturen nicht gewährt werden. Was dich anbetrifft, o Verstand, da du das Ehrenwerteste bist, was ich geschaffen habe, das Großartigste, was ich gemacht habe, und das Edelste, was sich von mir abgesondert hat auf mich, und das, was von meiner Schöpfung mir am ähnlichsten ist, lasse ich dir diesen ehrenwerten Rang zuteilwerden, indem ich dich über die Bedeutungen, welche im Menschen sind, in Kenntnis setze, die ich in ihm verborgen habe. Sei (*fa-kun*) du nun derjenige, welcher diese eine im Menschen befindliche Sache herausholt, durch die Kraft, die ich dir verliehen habe, denn es ist dir mit meiner Hilfe möglich, es herauszuholen.‘

Der Verstand sagte: ‚Mein Gott und mein Herr, ich habe gehört und füge mich. **[13r]** Was sind diese vier Dinge, von denen dieses Großartige und Wundersame eines ist?‘

Der Urewige, der Anfang und der Ewige, mächtig und erhaben ist er, sagte: ‚Es sind seine Haare, sein Blut, seine Galle und seine Knochen.‘

Der Verstand sagte: ‚Mein Gott, gewähre mir mehr Kenntnis über das Eine, enthülle mir eine Eigenschaft! Du hast mir Hilfe versprochen. Ich werde es überhaupt nicht erkennen ohne deine Hilfe!‘

Der Schöpfer, der Urewige, der Anfang sagte zum Verstand: ‚Siehe, welches dieser vier am nächsten zu dir ist, dieses ist es!‘

Der Verstand sagte: ‚Ich weiß es nun, mein Gott und mein Herr, geheiligt sind deine Namen und gewaltig deine Herrschaft, Ehre gebührt dir! Wie ist das mit dem Herausholen dieser Vorteile und dieser schmelzbaren Metalle aus diesem Einen, damit diese mir erscheinen und ich sie mit eigenen Augen zweifellos erblicken kann, wie auch du diese Vorteile und diese Somata gesehen hast?‘

Der Urewige, der Anfang, der Ewige sagte: ‚Hast nicht du den Menschen geformt mit der Kraft, welche ich dir verliehen habe?‘

Der Verstand sagte: ‚Ja!‘

Der Schöpfer, der Urewige, erhaben und mächtig ist er, sagte: ‚Siehe, wie der Mensch erschaffen wurde. Tue dasselbe mit diesem Einen, so erscheint dir aus ihm das Gleiche.‘

Der Verstand sagte: ‚Mein Gott und mein Herr, lasse mir eine genauere Unterweisung zuteilwerden. Ich werde nur durch deine Hilfe auf den richtigen Weg geleitet, wie ich auch nicht zu diesem Einen geleitet werde, der einer von den Vieren ist, es sei denn, du gewährst mir Hilfe.‘

Der Urewige, der Anfang sagte: ‚Beginne für die Erkenntnis über ihn mit der Dekomposition (*taʿfīn*), dann mit der Zerteilung (*tafṣīl*), dann in der Art und Weise, wie du mit dem Menschen verfahren bist, bis er zu einem lebendigen **[13v]** und sprachbegabten Menschen wurde!‘

Der Verstand sagte: ‚Jetzt habe ich verstanden, mein Gott und mein Herr! Ich weiß [nun], wie aus diesem Schwachen etwas Starkes wird und aus diesem Verbrannten etwas Standhaftes und aus diesem Flüchtigen etwas Beständiges.‘

Dann begann der Verstand mit seinem Werk. Er sah darin Wunder, und zwar weil er Wasser sah, das dem aus Quellen hervorsprudelnden Wasser glich, und er darin Feuer sah, das wie das in allen Dingen latente Feuer war, und er darin Luft sah, die der Luft in der Welt glich, und er darin Erde sah, die der kalten und trockenen Erde glich und sich in nichts unterschied. Daraufhin, nachdem er sich eifrig seinem Werk und seiner Kunst (*ṣanᶜa*) gewidmet hatte, sah er es in einem seiner Zustände, gleich dem Quecksilber (*zaibaq*). Daraufhin sah er es in einem anderen Zustand gleich dem Blei (*raṣāṣ*), danach ging es in einen anderen Zustand über und wurde wie das Schwarzblei (*usrub*), aus dem nichts gewonnen werden kann. Danach veränderte es sich wieder und wurde wie Eisen (*ḥadīd*), schwarz, fest und ruhig. Danach veränderte es sich ein weiteres Mal und seine Zustände wechselten dadurch, bis es wurde, als sei es Kupfer (*nuḥās*), sich von ihm in nichts unterscheidend. Dann wurde es daraufhin zu Silber (*fiḍḍa*) wie das mineralische Silber. Danach, nach dem Silber, wurde es zu rotem, schmelzbarem, standfestem, beständigem, nicht vergänglichem und nicht veränderbarem Gold.‘

Er staunte und sagte: ‚Jetzt habe ich erkannt, dass in dem Einen die Gestalt aller sieben schmelzbaren Metalle ist und die Gestalt aller in den Tiefen der Erde entstandenen Dinge, wie Schwefel (*kibrīt*), Eisen (*mirrīḫ*), Teer (*qār*), Erdöl (*nafṭ*), Salz (*milḥ*), Vitriol (*zāǧ*) und die Steine (*aḥǧār*).‘

Daraufhin nahm der Verstand von diesem Gold, welches ihm sehr leicht herauskam, und streute es auf viel im Feuer verflüssigtes Silber. Das Silber wurde zu vorzüglicherem Gold als das mineralische Gold, **[14r]** von schönerer Farbe, schwerer, standhafter gegenüber dem Feuer und dem Vergraben (*dafn*). Und dies war ein weiteres Wunder aufgrund dessen wir einer Meinung sind, nämlich dass dies Gold sei.

Der Verstand sagte damals: ‚Ich kannte nichts, das wundersamer wäre als die Angelegenheit dieses Menschen und der Sinn seiner Schöpfung und was in ihm ist an Wundern und der Vereinigung von Weisheiten und wundersamen Dingen, bis ich bemerkte, dass in ihm etwas Verächtliches ist. Das ist der Grund für all dies; nach der Schwäche gelangt er zu dieser großartigen Stärke und nach der Hässlichkeit wird er durch das Verfahren und die Umwandlung zu dieser Schönheit. Er vollzieht diese ungleichartige Umwandlung, an die niemand in der Darstellung glaubt, ohne dass er diese Wunder von ihm selbst in Augenschein genommen hätte. Die Güte des Menschen, seine Ehre und sein Vorzug über alle Dinge hat zugenommen.‘

Daraufhin begriff der Verstand seine Vorteile, wie er auch seine Umwandlung in die den schmelzbaren Metallen ähnlichen Dinge und seine Entwicklung in Augenschein genommen hatte. Er fand heraus, dass er für all jenes nützlich ist, für das auch alle Pflanzen der Erde, ihre Heilmittel und alles weitere nützen. Er fand heraus, dass das aus ihm tretende Wasser für alle heißen und trockenen Krankheitssymptome der Tiere nützt. Und wir fanden heraus, dass sein Feuer nützlich für alle kalten und feuchten Krankheitssymptome ist, welche die Tiere befallen. Und er fand heraus, dass seine Luft nützlich für alle kalten und trockenen Krankheitssymptome ist, welche die Tiere befallen. Und wir fanden heraus, dass seine Erde nützlich für die gesamten heißen und feuchten Krankheitssymptome ist, welche die Körper aller Tiere befallen. Und er fand heraus, dass er die Wirkungen aller Arzneien und Heilmittel übertrifft und noch viele Dinge, die nicht in den Heilmitteln vorhanden sind und in keinem der pflanzlichen Dinge. Und zwar weil er auf dem Weg **[14v]** des Wirkens der Dinge durch ihre spezifischen Eigenschaften (*ḫawāṣṣ*) wundersame Dinge wirkt durch die Berührung und den Kontakt in kürzester Zeit, so dass selbst das Wasser, das aus dieser Sache heraustritt, wenn es komprimiert wird, zu Stücken von Kristall schmilzt. Daraufhin wird es auf das entzündete Auge gelegt und beruhigt den Schmerz [des Auges] für eine gewisse Zeit und lässt es dann später genesen. Wenn es eine Stunde auf die heiße Leber gelegt wird, dann beseitigt es ihr Fieber. Und wenn ein Embryo von [einer Frau], die an hektischem Fieber leidet, damit getränkt wird, dann wird er [davon] geheilt für eine gewisse Zeit und es bewahrt die ursprüngliche Feuchtigkeit seines Körpers. Und weitere solche Dinge, die es bewirkt durch die Kälte und die Feuchtigkeit, deren Erklärung zu lang würde, so dass nicht einmal die Zusammenfassung in vielen Papieren ihre Anzahl und ihre Erwähnung erfassen könnte. Ebenso verhält es sich mit seiner Luft, seinem Feuer und seiner Erde, deren Vorteile unzählbar sind, welche sie in der medizinischen Behandlung bewirken und durch ihre spezifische Wirkung ausüben, bis vielleicht der Körper eines Tieres mit etwas von den Grundelementen dieses Einen im Abstand von zwei oder einer Elle gegenübergestellt wird. Dann bewirkt es in ihm etwas, das sich in ihm für eine gewisse Zeit zeigt. Diese ganzen Wirkungen sind seinen Grundelementen im Einzelnen geschuldet. Wenn diese Grundelemente sich vermischen und sich vermengen, dann entsteht aus ihnen die Sache, die Elixier (*iksīr*) genannt wird und das ist das Gold, welches bereits erwähnt wurde. Es sind in ihm mehr Vorteile vorhanden als in diesen Grundelementen und es ist gewaltiger und schneller wirksam, seine Vorteile sind unzählbar und weder die Rede noch die mündliche Beschreibung kann sie vollständig erfassen.

Da pries der Verstand den Urewigen, den Ewigen, den Anfang und sagte: ‚Gepriesen seist du, gepriesen seist du, aus deiner Weisheit, deiner wundersamen Kunst und deinem Verfahren ist zutage getreten, was mich überwältigt und mich [vor Erstaunen] regungslos macht. Meine Verwunderung über diesen Menschen und über die großartigen Dinge und die überwältigenden, zahlreichen, außergewöhnlichen **[15r]** Wunder, die in ihm sind, ist noch größer geworden, bevor ich mich mit seinem Äußeren beschäftigt habe. Nachdem ich jenes erfahren habe, bin ich der Meinung, dass sich auch in diesem seinem Äußeren die wundersamen Dinge verborgen finden, welche erst durch das Verfahren und die Umwandlung sichtbar werden. Meine Verwunderung und meine Wertschätzung für die Angelegenheit dieses Menschen vermehrten sich. Wüsste ich doch, wer von diesen Menschen solches versteht und es herstellen kann, so dass er sie wahrhaftig ausüben wird und dass er durch sie einen deutlichen Vorzug gegenüber allen Leute insgesamt genieße und er ihr heimlicher König sei, der besser als ihr tatsächlicher König ist, und dass sich niemand mit ihm messen kann.‘

Der Ewige, Urewige, der Anfang, erhaben und mächtig ist er, sagte zum Verstand: ‚Ich lasse das Wissen über dieses und sein Werk nur demjenigen zuteilwerden, der dir folgt, o Verstand, der gegenüber der Seele Ungehorsam zeigt, der sich meine auserwählten Diener als Vorbild nimmt bei diesem Werk, welche weder Hochmut, Anmaßung, Ungerechtigkeit, Faulheit, Geiz, Bosheit, Gier, Günstlingswirtschaft noch Ängstlichkeit aufweisen. Diejenigen, die dir folgen, o Verstand, sind es, die mit mir in Einklang stehen, und diese sind die Leute, denen mein Wohlgefallen und meine Barmherzigkeit zuteilwird. Sie sind diejenigen, welche kein Unrecht tun und sich gegenüber niemandem anmaßend verhalten. Sie sind die Leute der Geduld und der Demut, der Barmherzigkeit, der Vergebung, der Ausgeglichenheit, der Würde und der schönen Rechtleitung, des redlichen Schweigens, der Genügsamkeit und der Zufriedenheit, der Liebe zum Guten und der Abneigung vor dem Bösen, der Enthaltsamkeit, die sich des Blutvergießens und der Tierquälerei enthalten, Leute des Mitleids und der Liebenswürdigkeit allen Lebewesen gegenüber, den sprachbegabten wie auch den nicht sprachbegabten, den großen sowie den kleinen. Und jedes Mal, wenn ich einem diese Eigenschaft schenkte, erlangte er Kenntnis über dieses Elixier und sein Werk.

Und ich habe ihm Herrlichkeit und Göttlichkeit verliehen. **[15v]** Wenn er aber das Maß überschreitet, seinen Reichtum jemandem gegenüber zur Schau stellt und er sich erfreut in dem Maße, dass die Freude ihn hochmütig macht und er ihn geringschätzt und er seinen Reichtum zur Rechtfertigung heranzieht, dass er Blut vergießt und Menschen und anderen Schmerzen zufügt und er nicht dein schönes Vorgehen in seinem Werk befolgt, o Verstand, dann wird sein Leben ausfließen und sein Geist wird eilends aus seinem Körper herausgeholt und sein Geist wird 10 000 Jahre lang in den Körpern von geplagten, müden, gehetzten, geschlagenen Tieren wiederkehren. Und wenn er sein Werk enthüllt und es nur einem einzigen zeigt und nichts anderes Hässliches tut, so ist er am schlechtesten dran, begeht die größte Sünde und das schwerste Verbrechen. Ich werde seine Bestrafung vornehmen, indem ich ihm seine Gesundheit rauben werde, dann werde ich seinen Geist aus seinem Körper umgehend herausjagen, nachdem er von Krankheiten gestraft wurde. Danach werde ich ihn foltern, indem ich seinen Geist an verfaulten Orten wohnen lasse, verdammt, Schmerzen erleidend, und geschunden, 30 000 Jahre lang. Ich, meine Engel und meine besonderen Diener werden ihn in jedem Augenblick dieser 30 000 Jahre 30 000 000 Mal verfluchen, auf eine noch nie gekannte Weise. Ich werde all seine Taten während seines ganzen Lebens verfluchen. Ich werde in seine Seele ein Vielfaches von dem an Sorgen, Kummer und Bedrängnis eingeben, was er von ihnen je in ihr gesehen hat. Ich werde vor ihm nichts verbergen von all diesen, bis er verfault, Schmerzen und Qualen erleidet wegen des Niedergangs, der Sorgen, der elendigen Lage, der gewaltigen Schicksalsschläge während dieses Zeitraums.‘

Der Verstand sagte hierauf: ‚Mein Gott und mein Herr, deine Drohungen und deine Ermahnungen gegenüber demjenigen, der dieses edle und erhabene Werk enthüllt und offenbart, lasten schwer auf mir und hätten mich fast zugrunde gerichtet. Ich werde es nicht offenbaren und es fortwährend durch Täuschung zu verbergen versuchen. Nur derjenige wird es erreichen, von dem du es in deiner Kraft und Stärke gewollt hast durch das Sein jener Sache und das Sein aller Dinge. Ich **[16r]** weiß fürwahr, o mein Gott und mein Herr, dass derjenige, der das Wissen über diese ehrenwerte Sache und ihr Werk erlangt, dies nur aufgrund deiner Hilfe für mich erlangen wird. Und jene wird nur derjenige erlangen und von den Menschen erhalten, der mir folgt, wie du es mir versprochen hast. Wenn er [es] wünscht, werde ich in ihm Stärke erlangen und seine Führung in all diesen seinen Dingen wird verständig sein. Sollte er mich [aber] im Stich lassen, nachdem er es erlangt hat, und vom Gehorsam mir gegenüber abweichen, dann nur, weil er der Seele und ihren Lüsten folgt sowie sich völlig ihren Begierden hingibt, da sie lüstern ist und von Verlangen erfüllt ist. Wenn sie imstande ist, Gold und Silber herzustellen, durch welche man alles erhält, dann gibt er sich völlig den Begierden hin und lässt seiner Seele in den Lüsten freien Lauf. Er wird seiner Leidenschaft folgen und die körperlichen Vergnügungen werden ihn von den geistigen Vergnügungen ablenken, denen der Vorrang über die Vergnügungen des Körpers gebührt.

Ich weiß, mein Gott, dass derjenige Mensch, der erlangt hat, wodurch er meinem Brauch (*sunna*) folgte, in den Besitz aller für die Menschen nützlichen Wissenschaften gelangen wird und noch Großartigeres als dieses besitzen wird, da er, wenn er Kenntnis darüber erlangt, [es] wirklich weiß. Er wird sein Ende und seine Grenze erreichen und er wird es in seinen Ursachen kennen und wie der Erste, der Urewige, alle Dinge erschaffen hatte, und er wird wissen, wie sich alle Dinge bilden und wie sie gebildet worden sind. Er wird wissen, wie eine großartige Sache aus einer kleinen und abscheulichen Sache entstehen kann. Er wird die Wahrheit über das Werden und Vergehen (*al-kaun wa-l-fasād*) kennen und das nützliche Wissen über die Natur erfahren und von dem Wissen über die Natur das Wissen über die Medizin, welche [das Wissen um] die Heilung der Tiere von den Krankheiten, die sie befallen, und von den schmerzhaften Krankheiten und ihrer Bekämpfung ist. Er wird erfahren, wie man zur Kenntnis über die Heilkraft der Heilmittel und aller Pflanzen der Erde gelangen kann. Er kennt von der Astrologie (*ʿilm aḥkām an-nuǧūm*) das Meiste. Darüber zu reden ist Weissagung (*kihāna*) und Wissen (*dirāya*). Er steht kurz davor, **[16v]** in den meisten seiner Urteilsschlüsse und Behauptungen unter Heranziehung der Sterne [Erkenntnis] über die verborgenen Dinge zu erlangen. Er wird die Talismankunde, die Herstellung von Zaubermitteln (*an-nīranǧāt*), das Aufsagen von Zauberformeln (*ar-ruqan*), das Zaubern (*al-uḫaḏ*), die schwarze Magie (*as-siḥr*) und diese okkulten, schwer verständlichen, den Menschen insgesamt unzugänglichen Wissenschaften, erlernen. Wenn sie sie verstehen, welche ihnen verschiedene Arten von Nutzen bringen werden, und wenn der Mensch, der diese Kunst verstanden hat, seinem Verstand folgt und sich seiner Leidenschaft widersetzt, wird er all diese Wissenschaften kennen und sie bis zur Vollendung beherrschen. Wenn er sich aber ganz den Vergnügungen hingibt und seine Zeit damit verbringt, vergänglichen, verächtlichen und schädlichen Lüsten nachzugehen, dann erlernt er nichts von diesen Wissenschaften.‘

Abū Bakr b. Waḥšīya sagte: „Dies ist das Ende von dem, was sich in dem Buch, welches mir der Scheich al-Maġribī gegeben hatte, von der Kunst, welche insbesondere Alchemie genannt wird, enthalten ist. Ich habe sie in dieses mein Buch übertragen. Was die Talismankunde, die schwarze Magie, das Aufsagen von Zauberformeln und die Herstellung von Zaubermitteln angeht, die in jenem Buch enthalten waren, so habe ich jeder einzelnen [Kunst] davon ein Buch gewidmet, in dem ich diese gesamte Kunst mit ihren Ursachen und Gründen dargestellt habe. Ich habe von ihr aufgedeckt, was noch niemand jemals aufgedeckt hatte. Ich habe Ergänzungen über diese Wissenschaften hinzugefügt mit dem, was ich in al-Maġribīs Buch gefunden habe, was ich selbst entdeckt habe, was ich gehört habe aus dem Mund der Männer und was ich mit eigenen Augen gesehen habe von den Taten einiger Leute, die ich getroffen habe. So nimm dies zur Kenntnis, so Gott will, erhaben ist er." Abū Bakr b. Waḥšīya sagte: „Nachdem ich das Buch abgeschrieben, es dem Scheich al-Maġribī, bekannt unter dem Namen al-Qamarī, zurückgegeben, ihm gedankt und die üblichen Segenswünsche über ihn ausgesprochen, und meine wohlwollende Anerkennung zum Ausdruck gebracht hatte, indem ich sagte: ‚Ich werde fortwährend in meinen Gebeten für dich beten und dir Anteil geben an zahlreichen Almosen während meines ganzen Lebens. **[17r]** Ich werde dich überall erwähnen, während du lebst, und nach deinem Tod. Und ich werde mich auf dich berufen bei den Völkern und bei jedem, den ich treffen werde. Ich werde Bücher verfassen und sie auf dich zurückführen. Ich werde in ihnen die Erinnerung an dich festschreiben und ich werde alles möglich tun, was dir Freude bereitet, solange ich lebe', da freute sich der Scheich über dieses und sagte zu mir: ‚Du bist ein ganz vorzüglicher Schüler. Klug war meine Fähigkeit in Bezug auf dich und meine Hand hat bei dir wohlgetan.'

Ich sagte zu ihm: ‚O gesegneter Scheich, ich möchte dich gern nach ein paar Unklarheiten fragen. Wenn du die Güte hast, sie mir zu beantworten, so liegt es in deiner Hand. Wenn du es aber nicht tust, so bist du weder zu tadeln noch zurechtzuweisen.'

Er sagte: ‚So frage, Gott segne dich, was du willst. Ich werde dir nicht vorenthalten, was ich weiß.'

Ich sagte zu ihm: ‚O Scheich, ehrenwerter Meister, ich habe dieses Buch, welches du mir gegeben hast, abgeschrieben, gelesen und mit Vorbedacht angeordnet, und ich glaube, dass ich es verstanden habe. Es sind mir darüber noch Zweifel geblieben, welche ich insbesondere im Kapitel über die Kunst finde. Von allem, was sich davon darin befindet, weiß ich, dass es wahr ist. Ich konnte jedoch dem Aspekt über die Beweisführung für sie [d. h. für die Wahrheit der Alchemie] nicht folgen. Wenn du es angemessen fändest – Gott erbarme sich deiner –, mir jenes zu erklären, was mir die Zweifel über alles, was in diesem Buch ist, beseitigt, so wäre mir das sehr lieb. Wenn nicht, dann wenigstens besonders das, was in ihm über die Kunst gesagt wird.‘

Der Scheich al-Maġribī sagte: ‚Was das Erste anbetrifft, worauf ich dir eine Antwort geben werde und dir erklären werde, so bezieht es sich auf deine Aussage, dass du das Buch verstanden hättest und du daraufhin sagtest: «Beseitige jetzt meine Zweifel über es im Allgemeinen oder im Hinblick auf das Kapitel über die Alchemie von ihm im Besonderen!» Hättest du es verstanden, dann wüsstest du, dass alles von ihm die Kunst betrifft, von Anfang bis Ende. Dies ist ein Kapitel mit dem Kommentar und der Unterweisung, **[17v]** in dem ein großer Nutzen für dich liegt. Was deine Rede anbetrifft: «Setze mich in Kenntnis über die Beweisführung darin insgesamt», so würde die Antwort auf etwas, was sich in dem Buch befindet, eine sehr lange Erklärung erfordern, bis sie nicht mehr präzise wäre, aber ich werde angesichts der Fragestellung über dieses kurz zusammenfassen, was diesem nahe kommt, so dass ich dir darauf eine Antwort geben kann. Ich kann nicht bezweifeln, dass du verstanden hast, dass es in ihm Grundlagen und Verzweigungen in dieser Kunst gibt. Wenn du die Grundlagen kennst, so frage nach den Verzweigungen. Solltest du etwas von den Verzweigungen wissen, dann frage nach allen Grundlagen, die offenkundig sind. Ich werde dir darauf Antwort geben.‘

Ich sagte zu ihm: ‚Ja, deine Ansicht ist vortrefflich – möge Gott sich deiner erbarmen. Was dieses Buch hinsichtlich der Eigenschaft des Anfangs, des Urewigen, er ist Gott, mächtig und erhaben, unser Herr, aussagt, das ist eine Eigenschaft, die im Widerspruch zu dem steht, wofür die Bekenner der Einheit (*al-muwaḥiddūn*) eintreten. Du weißt, dass die Propheten, Friede sei auf ihnen, wundersame Zeichen gebracht haben und sie den Urewigen mit Eigenschaften beschrieben haben. Da hat sich die Mehrheit der Menschen von ihnen abgewandt und sich ihren Geboten nicht unterworfen. Wie kann man akzeptieren, was in einem alten Buch steht, aus der Stadt Memphis, von dem man nicht weiß, wer es geschrieben hat und wer derjenige war?‘

Al-Maġribī sagte: ‚Siehst du, du [hast], was darin ist, nicht in einem Buch [gefunden], sondern ein Mensch hat es dir mündlich übermittelt. Fürwahr, betrachte es mit deinem Verstand und unterlasse den leidenschaftlichen Eifer. Deswegen tue [dieses] bei jeder Äußerung. Dies ist die richtige Methode für die Suche nach der Wahrheit. Jedes Volk hat über den Anfang der Schöpfung etwas berichtet und jedes einzelne hat eine Eigenschaft beschrieben, von denen eine jede unterschiedlich ist. Keine zwei stimmen in einer Bedeutung überein. Lasse das, was in diesem Buch steht, sich analog zu diesen unterschiedlichen erwähnten Dingen über den Anfang der Schöpfung verhalten.‘

Ich sagte: ‚Und die Bedeutung der Rede darüber ist, dass eine jede Sache die Wesenheit des Urewigen darstellt und der Urewige, gepriesen sei er, Vater und Mutter von allem ist. Diese Rede hält man für abscheulich und sie kann nicht akzeptiert werden.‘

Al-Maġribī sagte: ‚Weder die Wahrheit wird bekräftigt noch das Falsche für nichtig erklärt, weil es für abscheulich oder für nicht akzeptabel gehalten wird, **[18r]** da deine Aussage, [dass] es für abscheulich oder nicht akzeptabel gehalten wird, über das hinausgeht, was dem Usus entspricht. Er hält es für abscheulich, weil es vom Usus abweicht. Vielleicht liegt die Wahrheit darin und das Falsche in dem, was man zum Usus gemacht hat und woran man sich gewöhnt hat. Diese Christen haben sich tatsächlich an die Anbetung des Kreuzes gewöhnt und sie zur Norm gemacht und die Inder die Anbetung der Götzen. Jedes Mal, wenn zu ihnen das Einheitsbekenntnis (*at-tauḥīd*) gelangte, hielten sie es für abscheulich und für nicht akzeptabel. Nachdem dieses festgelegt worden war und fortbestanden hatte, war der Aspekt bei der Suche nach der Wahrheit in den Angelegenheit darin, dass sie auf diese Dinge [stolz waren], und sie beachteten weder Abscheulichkeit noch Usus. Dem gesunden Verstand wird von Leidenschaft und Eifer Widerstand geleistet. Dies ist eine Lehre in diesem Buch. Es ist die alte Religion der Kopten und das Gesetz (*nāmūs*) der Anhänger der Kunst (*aṣḥāb aṣ-ṣanʿa*) im Angesicht der Ewigkeit. So wisse dieses!‘

Ich sagte: ‚Was in ihm noch erwähnt wurde, dass die Seele und der Verstand zwei Substanzen seien, die weder unter die Kategorie Körper noch Akzidens fallen, wo doch der Verstand der Menschen nur Körper und Akzidens erfassen kann, welche Sache ist dieses nun?‘

Der Scheich al-Maġribī sagte: ‚Nachdem es festgestanden hatte, dass für alle Dinge der Anfang, der Urewige ihr Beginn, Vater und Anfang ist, unterscheiden sie sich, wie wir in ihrer Unterscheidung gesehen haben, durch die Ursachen, welche bereits am Anfang des Buches erwähnt wurden. Deswegen verzichte ich darauf, sie hier zu wiederholen. Sie zerfallen gemäß ihren Unterschieden in drei Teile: Körper, Akzidentien und Substanzen, welche weder Körper noch Akzidens sind. Wie wir unterschieden haben zwischen den Körpern und den Akzidentien durch die Betrachtung, die zum gesunden Verstand führt, so fanden wir auch eine dritte, sich von Körper und Akzidens besonders auszeichnende Sache, und das ist der Verstand und die Seele. Wir haben sie als zwei Substanzen festgelegt, die weder Körper noch Akzidens sind, wegen der Ungleichheit und des Unterschieds **[18v]**, die wir gesehen haben zwischen den beiden und zwischen dem Körper und dem Akzidens. Und wir haben an ihnen Wirkungen und Einwirkungen festgestellt, die sie abheben von der Teilhabe an Köper und Akzidens. Es wurde deutlich, dass die beiden existieren, aber weder Körper noch Akzidens sind und dass die beiden eine dritte Kategorie sind. Wir haben die Übereinkunft getroffen, dass es zwei Substanzen sind, die weder Körper noch Akzidens sind. Der Beweis für jenes sind Dinge, welche ich nicht beschrieben habe. Doch weil ich die Vorzüglichkeit deines Verstandes, die Verstandesschärfe deines Genies und die Schnelligkeit deiner scharfen Auffassungsgabe kenne, gab ich einen Hinweis, der deutlicher als ein anderer ist.‘

Ich sagte zu ihm: ‚Ich verzichte von selbst auf den Rest dieses Kapitels, der mir noch geblieben ist, da ich dein Verhalten bei der Erwiderung auf die Fragen darüber bemerkt habe. Ich frage nach dem Passus, in welchem der Mensch und seine Erschaffung erwähnt werden. Berichte mir, ist er wahrhaftig der Mensch, welcher der Welt entspricht, so dass er verdientermaßen Mikrokosmos genannt wird, oder ist er in seiner Schöpfung und in seiner Ähnlichkeit mehr als der Mikrokosmos?‘

Al-Maġribī sagte: ‚Nein, er ist in Wirklichkeit ein Mikrokosmos, da in ihm all jenes vorhanden ist, das in der Welt existiert, kleines und großes, feines und grobes, Körper, Akzidens und Substanz, die weder Körper noch Akzidens ist, und alles Erschaffene von den Mineralien, den Pflanzen, den Tieren bis hin zu den Flüssen und Meeren, was unten und oben ist, alles vollständig und vollkommen. Ihm fehlt überhaupt nichts. Deswegen haben ihn die weisen Philosophen allesamt Mikrokosmos genannt. Sie waren sich darüber nicht uneinig, da sie daran nicht zweifelten.‘

Ich sagte: ‚Gibt es in ihm und aus ihm alles, was in der Welt ist, aktuell? Dieses ist [doch] in ihm nur potentiell und zeigt sich dann nur aktuell. Was ist der Beweis hierfür?‘

Al-Maġribī sagte: ‚Der Beweis hierfür ist, dass alles, was in der Welt existiert, sich von ihm unterscheidet, während er nur aus einer Substanz, vier Naturen und einer Seele besteht. Es ist tatsächlich notwendig, dass es in ihm alles gibt, was in **[19r]** der Welt existiert, wegen [des Prinzips] der Gleichheit und der Ähnlichkeit in den Ursprüngen, durch die und von denen die Dinge sind. Dieses alles ist potentiell im Menschen vorhanden und es alles kann sich aktualisieren, nur dass die komplette Aktualisierung nicht dem Menschen obliegt, sondern vielmehr kann er nur einiges davon aktualisieren gemäß dem Fortschreiten seines Lebensalters und der Zeitspanne seines Lebens. Würde sein Lebensalter fortschreiten über die ihm vorbestimmte Zeitspanne seines Lebens hinaus und würde er dadurch mehr Wissen erlangen, als ihm bestimmt ist, so würde trotz dessen nicht alles aktuell, was potentiell ist. Darüber gibt es Zweifel und Rede, die lang ist, die nicht das enthält, was du suchst, weil du nach etwas Bestimmtem gefragt hast. Beschränke dich auf das Ziel deines Anliegens. Unterlass die Frage nach all dem, was man aus der Potenzialität in die Aktualität durch den Menschen überführen kann im Allgemeinen, denn dies dient nicht deinem Anliegen.‘

Ich sagte: ‚Ja! Berichte mir, was der Beweis hierfür ist, dass es im Menschen eine oder mehrere Sachen gibt, aus denen Silber oder Gold entstehen können, welche jenem gleichen, die man aus den Minen fördert.‘

Er sagte: ‚Da der Mensch ein Mikrokosmos ist und in ihm all jenes ist, was es in der Welt gibt, und da in der Welt Naturen vorherrschen, die in ihren Anteilen mit der Substanz übereinstimmen, aus denen sich Gold und Silber ergeben, und da diesen Naturen Ähnliches im Menschen vorhanden ist, in dem nicht all jenes ist, was in der Welt ist, ist es notwendig und richtig, dass in ihm eine oder mehrere Sachen vorhanden sind, aus denen Gold und Silber wie mineralisches Gold und Silber gewonnen werden können.‘

Ich sagte: ‚Gib mir weitere Hinweise darauf und verdeutliche es mir noch mehr!‘

Er sagte: ‚Ja. Weißt du denn nicht, dass die Entstehung (*at-takwīn*) von Gold und Silber in den Minen nur durch die Vereinigung von Quecksilber und Schwefel erfolgt? Denn die Hitze im Inneren der Erde kocht die beiden. Die Röte des Goldes trocknet den Schwefel aus und der Schwefel trocknet die Feuchtigkeit des Quecksilbers aus. Die beiden vermischen sich **[19v]** durch die Länge des Kochens zu einer guten Mischung, bis aus ihnen schmelzbare Somata entstehen.‘

Ich sagte: ‚Das wusste ich bereits.‘

Er sagte: ‚Deswegen ist dieses angefertigte Elixier das Färbemittel für die Somata. Es wirkt und färbt nur durch Wasser, Öl, Erde oder durch Weiß, Gelb, und Eierschalen. Das Wasser dieses Steins entspricht dem mineralischen Quecksilber, das Öl dem Schwefel und die Erde (*al-arḍ*) von ihnen dem Staub (*at-turāb*) in der Mine. Es wird gleich in seiner natürlichen Veranlagung, seiner Entstehung und seinem Verfahren. Es besteht kein Unterschied zwischen ihnen.‘

Ich sagte: ‚Dies ist mir klar geworden. Es ist mir aber noch ein weiterer Zweifel geblieben.‘

Er sagte: ‚Frage nach all jenem, was sich dir [an Fragen] stellt!‘

Ich sagte: ‚Es gibt wahrlich viele Dinge außerhalb des Menschen, aus denen Wasser, Öl und Erde entstehen. Was ist der Hinweis dafür, dass dieses Elixier aus etwas entsteht, das insbesondere im Menschen existiert?‘

Er sagte: ‚Ich dachte, dass du dies verstanden hättest, während der Rede vor diesem Thema. Du hast seine Erklärung gehört. Wenn du dies nicht erfasst hast und du dich diesem nicht zugewandt hast, dann setze ich [meine Erklärung] fort und wiederhole mich dir gegenüber und füge die Offenlegung einer großartigen Erläuterung hinzu, welche die Grenze der Zulässigkeit, über diese theoretischen Dinge zu reden, überschreitet.‘

Ich sagte: ‚Ich bitte den Herrn der Welten, dass er dich für dieses belohne.‘

Er sagte: ‚Wahrlich, dieses Elixier verwandelt die Somata von ihrer Essenz (*ʿayn*) in eine andere durch die Seele, welche in ihm ist. Diese Seele kann diese Wirkung nicht erreichen ohne die Ausgewogenheit (*iʿtidāl*), welche das Elixier während des Verfahrens gewonnen hat. Diese **[20r]** Seele ist weder das Wasser noch das Öl noch die Erde, weder ist sie das Quecksilber noch der Schwefel oder das Metall. Sie ist weder das Weiße noch das Gelbe noch [Eier]schalen, sondern vielmehr ist sie etwas anderes, das im Elixier vorhanden ist durch seine Ausgewogenheit. Diese Seele ist die Leiterin, die Schöpferin (*mukawwina*) dessen, was ich aus diesem alten Buch zitiert habe, das sich in der Stadt Memphis befindet. In nichts existiert etwas, das [etwas anderem] näher ist als sie dem Menschen, da der lebendige Geist in ihm ist. Dies ist ein [Aspekt] und der andere ist, dass der Mensch der ausgeglichenste von allen zusammengesetzten Körpern insgesamt ist. Da nun diese Seele und die Ausgewogenheit, auf der er gründet, im Menschen vorhanden sind, muss dieses Elixier zwingend vom Menschen sein.‘

Ich sagte zu ihm: ‚Du hast gesagt, dass das Elixier die Ausgewogenheit durch das Verfahren erlange. Dann sagtest du, dass es insbesondere im Menschen vorhanden sei. Wenn nun aber die Ausgewogenheit etwas ist, das das Elixier erlangt, und das nicht natürlicherweise in ihm ist, so obliegt es uns gleichermaßen, dass wir Elemente vom Menschen oder von anderen als ihm nehmen.‘

Er sagte: ‚Ich teile dir also mit, so dass du keinen Zweifel mehr hegst, dass diese Ausgewogenheit niemanden in die Lage versetzt, das Elixier zu gewinnen, welches sich in anderen als dem Menschen befindet, und zwar weil im Menschen ein Geist ist, der für die Ausgewogenheit empfänglich ist, da in ihm [d. h. im Menschen] ein Teil von ihm [d. h. der Ausgewogenheit] ist. Was es an anderem neben dem Menschen gibt, hat nicht in sich diesen Anteil an Ausgewogenheit. Man kann nicht aus dem Verfahren etwas herausholen, was in ihm ursprünglich nicht vorhanden ist. Diesem entspricht: Besäße die Luft keine Wärme, so hätte das heiße Feuer die Luft nicht akzeptiert. Und wäre nicht im Wasser Feuchtigkeit **[20v]** mit seiner Kälte, dann hätte die heiße und feuchte Luft es nicht akzeptiert. Und wäre nicht in der Erde die Kälte mit ihrer Trockenheit, dann hätte das kalte, feuchte Wasser sie nicht akzeptiert. Und wäre nicht im Feuer die Trockenheit mit ihrer Hitze, dann hätte die kalte, trockene Erde es [d. h. das Feuer] nicht akzeptiert. Deswegen, wäre nicht in diesen Dingen, aus denen das Elixier hergestellt wird, eine Ausgewogenheit, so würde die Ausgewogenheit im Verfahren nicht angenommen werden.

Und gleichermaßen, wäre nicht in ihnen eine Seele, die hinsichtlich des Verfahrens stärker als der Verstand ist, würde sie nichts zustande bringen.‘

Ich sagte: ‚Diese Seele und diese Ausgewogenheit existieren nicht in gänzlich allen zusammengesetzten Körpern, außer im Menschen, oder vielleicht existiert etwas von ihnen nicht nur im Menschen, sondern auch im Tier, das mit ihm das Leben gemein hat, oder in den Pflanzen, die mit ihm das Wachstum gemein haben.‘

Er sagte: ‚Ja. Diese beiden sind nicht existent in gänzlich allen Dingen, außer bei dem Menschen. Und zwar, weil die anderen Tiere keine Ausgewogenheit besitzen, welche sich in ihm befindet, und weil die Pflanzen keinen lebendigen Geist besitzen, der in den Tieren vorhanden ist, und auch keine Ausgewogenheit. Die Entfernung der Pflanzen vom Menschen liegt in den zwei Eigenschaften und den zwei Naturen. Die Entfernung der restlichen Tiere vom Menschen in einer Eigenschaft und in einer Natur.‘

Ich sagte: ‚Diese Erklärung genügt mir. Wenn ich dich nach den mineralischen Dingen fragen darf?‘

Er sagte: ‚Ja. Für die mineralischen Dinge existiert kein lebendiger Geist, keine Ausgewogenheit und kein Wachstum. Sie stehen dem Menschen sehr fern und ihre Ähnlichkeit ist deswegen gering.‘

Ich sagte: ‚Wie vermengen und vermischen sie [d. h. die mineralischen Dinge] sich mit etwas, **[21r]** das aus dem Menschen herausgeholt wird, angesichts dieser Entfernung, die zwischen den beiden liegt?‘

Er sagte: ‚Das Verfahren ist der Zustand im Elixier und die offensichtliche Ausgewogenheit. In ihm ist die starke Seele, die auf seinen Teilen fußt und ausdauernd ist. Sie bezwingt den metallischen Körper. Sie löst ihn von seiner Natur durch die Bezwingung und die Unterwerfung. Er verschwindet gar mit dem Vorhandensein dieser Bezwingung und Unterwerfung. Dies ist die Meinung, die ich mir gebildet habe.‘

Ich sagte: ‚Erläutere mir dieses näher!‘

Er sagte: ‚Möchtest du, dass ich diese Angelegenheit offen ausspreche, bis ich verflucht und bestraft werde? «Wir gehören Gott, und zu ihm kehren wir zurück.»‘[137]

Ich sagte: ‚Du würdest durch deine Rede den Kummer der Betrübten unter den Schülern dieser Kunst zerstreuen und ihnen Zweifel und Sorge nehmen, die ihre Herzen betrübten.‘

Er sagte: ‚Ich mache das. Deine Orientierungslosigkeit ist ähnlich wie beim Gift, das in kleinen Mengen viele Somata bezwingt, bis ihre Pneumata aus ihnen herauskommen. Dann zersetzt es sie, bis es ihre Haut von ihren Knochen löst. Vielleicht ist das, was in ihnen durch es bewirkt wurde, ohne Gewicht. Denn diese tätige Seele ist dir hiermit deutlich geworden.‘

Ich sagte: ‚Wie wirkt das Elixier zusammen mit dem flüssigen Metall im Feuer, trotz der Feinheit seiner natürlichen Veranlagung, seiner Zartheit und Feinheit, so dass sie ineinander übergehen?‘

Er sagte: ‚Ich rufe Gott an, dass er mich vor der Götzendienerei bewahre. Ich sehe, dass du von mir etwas willst, worüber wir nicht reden dürfen. Weißt du nicht, dass das Elixier-Verfahren dem Verfahren der Mineralien entspricht?‘

Ich sagte: ‚Das wusste ich.‘

Er sagte: ‚Du solltest bei seinem Verfahren diese Methode anwenden, bis **[21v]** sie dich zur natürlichen Veranlagung des Steins gleichermaßen

137 Q 2:156.

führt. Es wird wie das Gold, das reine Gold (*al-ibrīz*), das schmelzbare. Wenn es in diesen Zustand versetzt wird, überfällt es das geschmolzene Metall, welches durch das Schmelzen, das ihm während des Verfahrens widerfährt, die richtige Form erhält. Ich bitte Gott, den Allmächtigen, um Vergebung, für das, worüber ich mich geäußert habe von der Abfolge dieser großartigen Geheimnisse, welche noch niemand vor mir in dieser Abfolge enthüllt hat. Und damit ist es jetzt gut.'"

Abū Bakr b. Waḥšīya sagte: „Das war das Ende des Gesprächs, welches zwischen mir und dem Scheich al-Qamarī, möge Gott sein Gesicht erblicken und seiner Seele Segen spenden, stattfand. Allerdings sprach er mit mir, nachdem er geendigt hat, über eine andere Sache und sagte: ‚Denk nicht, dass ich mit der übertriebenen Lobpreisung des Menschen, seiner Ehrerweisung und seiner Verherrlichung und mit dem, was ich erzählt habe aus dem alten Buch von seinem hohen Rang, sagen möchte, dass er besser sei als die hohen, geistigen und erhabenen Wesen (*al-ašḫāṣ al-ʿāliya ar-rūḥānīya ar-rafīʿa*), denn dieses ist falsch.'

Ich sagte: ‚Ich ziehe ihn ihnen vor, obwohl du nicht dieser Meinung bist.'

Er sagte: ‚Du irrst.'

Er hörte nicht auf, gegen mich zu argumentieren und Beweise vorzulegen für die Wahrheit seiner Aussage und die Unwahrheit meiner Aussage, in einer Rede, deren Erklärung zu lang würde, bis ich die Wahrheit in seiner Aussage erkannte und sie akzeptierte. Und ich sagte diesbezüglich das Gleiche wie er. Ich nahm Abstand von meiner Meinung und erkannte, dass die hohen, erhabenen und geistigen Wesen besser sind als der Mensch, und zwar weil er, ich meine den Menschen, nur so sehr geehrt wurde und so sehr verherrlicht wurde, weil in ihm jene Sache ist, aus der dieses wirkmächtige und erhabene Elixier **[22r]** entsteht und weil er die Wohnstätte des Verstandes ist und er der Ausgewogenste alles Erschaffenen ist und nicht wie irgendeine andere Sache. Diese Wesen sind ehrenwerter als er, großartiger und erhabener, da sich in ihnen und für sie viele Dinge versammeln, die in dem Menschen in dieser Anzahl nicht vorhanden sind. Dies ist das Ende der Rede und weiter nichts mehr."

Dieses gesegnete Buch, genannt *Sidrat al-muntahā* des Scheichs, des vorzüglichen, des erhabenen, des kenntnisreichen und bedeutenden Gelehrten, Abū Bakr Muḥammad b. ᶜAlī b. Waḥšīya, möge Gott sich seiner erbarmen, wurde niedergeschrieben am gesegneten Donnerstag, den 17. Rabīᶜ al-Āḫira im Jahr 1000 nach der islamischen *hiǧra* [=31. Januar 1592] in Minyat Banī Ḫaṣīb in der Provinz al-Ušmūnain.

Das Buch wurde vervollständigt mit welch vortrefflicher Freude für den,
der es auf die Probe stellt,
möge Gott durch seine Vortrefflichkeit und seine Vorzüglichkeit
seinem Schreiber verzeihen.
Wenn du in der Schrift einen Makel oder Fehler entdeckst,
dann behebe ihn, denn dies gehört zu den rechtschaffensten Taten.
Möge unser Herr, erhaben ist er, solches und die Makel verringern,
und zeige dich demütig in der Gottesfurcht.
Preis dem, der einzig ist in seinem Königreich, einzig, urewig, ewig und
unvergänglich.

Möge Gott sich des Verfassers, des Lesers und des Schreibers erbarmen, sein Wille wird geschehen. Er beschütze dieses gesegnete Buch, für ihn selbst und für den, dem Gott Gutes will. Außer ihm gibt es nur Niedrigkeit und Armut, es sei denn, er erbarmt sich. +...+ der ehrenwerte, der Hochmut und Verfehlungen bekennt, Yūḥannā b. Ġubair Abū l-Faraǧ al-Manfalūṭī +...+ Möge Gott gnädig sein, durch seine Gnade und seine Güte.

6. Literaturverzeichnis

Abkürzungen

EI²	*Encyclopaedia of Islam. New Edition.* 11 Bde. u. 1 Suppl.bd. Leiden [u. a.]: Brill, 1960–2004.
EI³	*Encylcopaedia of Islam. THREE.* Leiden [u. a.]: Brill, 2007 ff.
EIr	*Encyclopaedia Iranica Online* [www.iranica.com, 17.03.2015].
WKAS	*Wörterbuch der klassischen arabischen Sprache.* Bearb. von Manfred Ullmann. 2 Bde. + Vorläufiges Literatur- u. Abkürzungsverzeichnis zum 2. Band. Wiesbaden: Harrassowitz, 1970–2009.
ZDMG	*Zeitschrift der Deutschen Morgenländischen Gesellschaft*

Handschrift

Gotha, Forschungsbibliothek, MS orient. A. 1162 (Arab. 1697), fols 1r–22r.

Primärquellen

Alf laila – Anonym: *Alf laila wa-laila.* Hg. v. Qāsim Muḥammad ar-Raǧab. 2 Bde. Kairo: Maṭbaᶜaṭ Būlāq, 1252/1835 [Nachdruck der ersten Ausgabe].

Al-Ǧāḥiẓ: *Kitāb al-Ḥayawān* – Al-Ǧāḥiẓ: *Kitāb al-Ḥayawān.* 7 Bde. Hg. v. ᶜAbd as-Salām Muḥammad Hārūn. Kairo: Maktabat Muṣṭafā l-Bābī l-Ḥalabī, 1938–45.

Ḥāǧǧī Ḫalīfa: *Kašf aẓ-ẓunūn* – Muṣṭafā b. ᶜAbd Allāh Ḥāǧǧī Ḫalīfa: *Kitāb Kašf aẓ-ẓunūn ᶜan asāmī l-kutub wa-l-funūn.* Hg. v. Muḥammad Šaraf ad-Dīn Yāltqāyā. 2 Bde. Istanbul: Wikālat al-Maᶜārif, 1360–62/1941–43.

Ibn al-Akfānī: *Kitāb Iršād al-qāṣid* – Muḥammad b. Ibrāhīm b. al-Akfānī: *Kitāb Iršād al-qāṣid ilā asnā al-maqāṣid.* Hg. v. Januarius J. Witkam. Leiden: Ter Lugt Pers, 1989 (= *Ee Egyptische Arts Ibn al-Akfānī (Gest. 749/1348) En Zijn Indeling Van de Westenschappen*).

Ibn an-Nadīm: *Fihrist*....... – Abū l-Faraǧ Muḥammad b. Isḥāq b. an-Nadīm:

Kitāb al-Fihrist. Hg. v. Gustav Flügel. 2 Bde. Leipzig: Vogel, 1871 f. Englische Übers.: Bayard Dodge: *The Fihrist of al-Nadīm. A Tenth-Century Survey of Muslim Culture.* 2 Bde. New York: Columbia University Press, 1970 (=Records of Civilization: Sources and Studies 83).

Ibn Waḥšīya: *Al-Filāḥa an-nabaṭīya* – Abū Bakr Aḥmad b. ᶜAlī b. Qais b. Waḥšīya: *Al-Filāḥa an-nabaṭīya.* Hg. v. Taufīq Fahd. Damaskus: al-Maᶜhad al-ᶜIlmī al-Firansī li-d-Dirāsāt al-ᶜArabīya, 1993–98. Englische Teilübers.: Jaakko Hämeen-Anttila: *The Last Pagans of Iraq.* Ibn Waḥshiyya *and his Nabatean Agriculture.* Leiden [u.a.]: Brill, 2006.

Al-Idrīsī: *Anwār* – Abū Ǧaᶜfar Muḥammad b. ᶜAbd al-ᶜAzīz al-Idrīsī: *Anwār ᶜulwīy al-aǧrām fī l-kašf ᶜan asrār al-ahrām/Das Pyramidenbuch des Abū Ǧaᶜfar al-Idrīsī (st. 649/1251).* Hg. v. Ulrich Haarmann. Stuttgart: Steiner [in Komm.], 1991 (=Beiruter Texte und Studien 38).

Littmann: *Erzählungen* – Enno Littmann: *Die Erzählungen aus den Tausendundein Nächten.* 6 Bde. Wiesbaden: Insel Verlag, 1953–61.

Al-Maqrīzī: *Aḫbār Qibṭ Miṣr* – Abū l-ᶜAbbās Aḥmad b. ᶜAlī Taqī ad-Dīn al-Maqrīzī: *Aḫbār Qibṭ Miṣr, maʾḫūḏ min kitāb al-Mawāᶜiẓ wa-l-iᶜtibār fī ḏikr al-ḫiṭaṭ wa-l-aṯār.* Hg. u. übers. v. Ferdinand Wüstenfeld. Hildesheim [u.a.]: Olms, 1979 (=*Macrizi's Geschichte der Copten*).

Al-Masᶜūdī: *Murūǧ* – Abū l-Ḥasan ᶜAlī b. al-Ḥusain b. ᶜAlī al-Masᶜūdī: *Murūǧ aḏ-ḏahab wa-maᶜādin al-ǧauhar.* Hg. v. Mufīd Muḥammad Qumaiḥa. 4 Bde. Beirut: Dār al-Kutub al-ᶜIlmīya, ²2004.

Platon: *Nomoi* – Platon: *Werke in acht Bänden: griechisch und deutsch.* 8 Bde. Darmstadt: Wissenschaftliche Buchgesellschaft, 1977. VIII,1.

Sekundärliteratur

Ambros: „Biosphäre“ – Arne A. Ambros: „Die Biosphäre im Koran“. In: *ZDMG* 140 (1990) 290–325.

Arnaldez: „Insān“ – Roger Arnaldez: „Insān“. In: *EI²* III (1986) 1237a–39a.

Assmann: „Etymographie“ – Jan Assmann: „Etymographie: Zeichen im Jenseits der Sprache“. In: Aleida Assmann/Jan Assmann (Hg.): *Hieroglyphen. Archäologie der literarischen Kommunikation VIII.* München: Wilhelm Fink, 2003. 38–63.

Atiya: „Ḳibṭ“ – Aziz S. Atiya: „Ḳibṭ“. In: *EI²* V (1986) 90a–5a.

Baudet: *Penser la matière* – Jean Baudet: *Penser la matière. Une histoire des chimistes et de la chimie*. Paris: Vuibert, 2004.

Berthelot: *Origines* – Marcellin Berthelot: *Les origines de l'alchimie*. Osnabrück: Otto Zeller, 1966 [Nachdruck der Ausgabe Paris 1885].

Berthelot: *Collection* – Marcellin Berthelot (Hg.): *Collection des anciens alchimistes grecs*, Paris: Georges Steinheil, 1887 f.

Berthelot: *La chimie au Moyen Âge* – Marcellin Berthelot (Hg.): *La chimie au Moyen Âge*. 3 Bde. Paris: Imprimerie nationale, 1893.

Blau: *Grammar* – Joshua Blau: *A Grammar of Christian Arabic: based mainly on South Palestinian texts from the first millenium*. 3 Bde. Louvain: Secrétariat du Corpus CSO, 1966 f.

Brockelmann: *GAL* – Carl Brockelmann: *Geschichte der arabischen Literatur*. 3 Bde u. 2. Supplementbde. Leiden: Brill, 1895–1949.

Brockelmann [u. a.]: *Denkschrift* – Carl Brockelmann [u. a.]: *Denkschrift dem 19. internationalen Orientalistenkongreß in Rom*. Wiesbaden: Franz Steiner, 1969 [Unveränderter Neudruck].

Carusi: „Alchimie et magie“ – Paola Carusi: „Alchimie et magie au Xême siècle: un pouvoir qui est fondé sur la parole“. In: *Natura, scienza e società nel mediterraneo (IX-XV sec.). Seminario internazionale. Consenza, Italia 25–27 Marzo 1999/Nature, science et société dans la Méditerranée (IX-ème XV-ème siècles). Séminaire international. Consenza, Italie 25–27 Mars 1999*. Venedig: Unesco Venice Office (=Technical Report No. 31), 1999. 133–45.

Carusi: „Alchimia islamica e religione“ – Paola Carusi: „Alchimia islamica e religione: La legittimazione difficile di una scienza della natura + Appendice: Le traité alchimique *Rutbat al-ḥakīm*. Quelques notes sur son introduction“. In: *Oriente Moderno* 3 (2000) 461–502.

Carusi: „Alchemy“ – Paola Carusi: „Alchemy“. In: Josef W. Meri (Hg.): *Medieval Islamic Civilization*. 2 Bde. New York [u. a.]: Routledge, 2006. I 25a–26a.

Carusi: „Elixir“ – Paola Carusi: „Elixir“. In: *EI*[3] Fasc. IV (2013) 108a–12b.

Chwolson: *Die Ssabier* – Daniel A. Chwolson: *Die Ssabier und der Ssabismus*. 2 Bde. Sankt Petersburg: Buchdruckerei der Kaiserlichen Akademie der Wissenschaften, 1856.

Chwolson: „Überreste" – Daniel A. Chwolson: „Über die Überreste der altbabylonischen Literatur in arabischen Übersetzungen". In: *Mémoires des savants étrangers présentés à l'Académie Impériale des Sciences de St. Pétersbourg* 8 (1859) 329–524.

Colpe: „Gnostizismus" – Carsten Colpe: „Der Gnostizismus als literarisches Phänomen". In: Wolfhart Heinrichs [u. a.] (Hg.): *Neues Handbuch der Literaturwissenschaft. Band 5: Orientalisches Mittelalter.* Wiesbaden: Aula-Verlag, 1990. 123–41.

Cook: „Pharaonic History" – Michael Cook: „Pharaonic History in Medieval Egypt". In: *Studia Islamica* 57 (1983) 67–103.

Diwald: *Arabische Philosophie und Wissenschaft* – Susanne Diwald: *Arabische Philosophie und Wissenschaft in der Enzyklopädie. Kitāb Iḫwān aṣ-ṣafāʾ (III). Die Lehre von Seele und Intellekt.* Wiesbaden: Harrassowitz, 1975.

El-Daly: *Egyptology* – Okasha El Daly: *Egyptology: the Missing Millennium. Ancient Egypt in Medieval Arabic Writings.* London: UCL Press, 2005.

Enderwitz: *Gesellschaftlicher Rang* – Susanne Enderwitz: *Gesellschaftlicher Rang und ethnische Legitimation. Der arabische Schriftsteller Abū ʿUṯmān al-Ǧāḥiẓ (gest. 868) über die Afrikaner, Perser und Araber in der islamischen Gesellschaft.* Freiburg: Klaus Schwarz, 1979 (=Islamkundliche Untersuchungen 53).

Fahd: „Ibn Waḥshiyya" – Taufīq Fahd: „Ibn Waḥshiyya". In: *EI²* III (1986) 963b–65b.

Festugière: *La révélation d'Hermès Trismégiste* – André-Jean Festugière: *La révélation d'Hermès Trismégiste.* 4 Bde. Paris: Gabalda, 1981–83.

Forster: *Das Geheimnis der Geheimnisse* – Regula Forster: *Das Geheimnis der Geheimnisse. Die arabischen und deutschen Fassungen des pseudo-aristotelischen Sirr al-asrār, Secretum secretorum.* Wiesbaden: Reichert, 2006 (=Wissensliteratur im Mittelalter 43).

Forster: „Auf der Suche nach Gold und Gott" – Regula Forster: „Auf der Suche nach Gold und Gott. Alchemisten und Fromme im arabischen Mittelalter". In: Almut-Barbara Renger (Hg.): *Meister und Schüler in Geschichte und Gegenwart. Von Religionen der Antike bis zur modernen Esoterik.* Göttingen: V&R unipress, 2012. 213–29.

Fowden: *The Egyptian Hermes* – Garth Fowden: *The Egyptian Hermes. A Historical Approach to the Late Pagan Mind.* Cambridge [u. a.]: Cambridge University Press, 1986.

Garbers/Weyer: *Lesebuch* – Karl Garbers/Jost Weyer (Hg.): *Quellengeschichtliches Lesebuch zur Chemie und Alchemie der Araber im Mittelalter.* Hamburg: Buske, 1980.

Garcin: „L'arabisation de l'Égypte" – Jean-Claude Garcin: „L'arabisation de l'Égypte". In: *Revue des mondes musulmans et de la Méditerranée* 43 (1987) 130–37.

Ghallab: *Survivances* – Mohammed Ghallab: *Les survivances de l'Égypte antique dans le folklore égyptien moderne.* Paris: P. Geuthner, 1929.

Graf: *Vulgär-Arabisch* – Georg Graf: *Der Sprachgebrauch der ältesten christlich-arabischen Literatur. Ein Beitrag zur Geschichte des Vulgär-Arabisch.* Leipzig: Harrassowitz, 1905.

Green: *City of the Moon God* – Tamara Green: *The City of the Moon God. Religious Traditions of Harran.* Leiden [u. a.]: Brill, 1992.

Halleux: *Papyrus* – Robert Halleux: *Papyrus de Leyde, papyrus de Stockholm, fragments de recettes.* Paris: Les Belles Lettres, 1981 (=Les Alchimistes Grecs 1).

Hallum: „Zosimus Arabus" – Bink Hallum: „Zosimus Arabus. The Reception of Zosimos of Panopolis in the Arabic/Islamic World". Unveröffentlichte Dissertation. The Warburg Institute, University of London. London 2008.

Halm: *Ägypten* – Heinz Halm: *Ägypten nach den mamlukischen Lehensregistern.* 2 Bde. Wiesbaden: Reichert, 1979–82 (=BTAVO; Reihe B, 38,1–2).

Hämeen-Anttila: „Ibn Waḥshiyya and Magic" – Jaakko Hämeen-Anttila: „Ibn Waḥshiyya and Magic". In: *Anaquel de Estudios Árabes* 10 (1999) 39–48.

Hämeen-Anttila: *The Last Pagans of Iraq* – Jaakko Hämeen-Anttila: *The Last Pagans of Iraq. Ibn Waḥshiyya and his Nabatean Agriculture.* Leiden [u. a.]: Brill, 2006.

Hammer-Jensen: *Die älteste Alchymie* – Ingeborg Hammer-Jensen: *Die älteste Alchymie.* Kopenhagen: Høst, 1921.

Hammer-Purgstall: *Ancient Alphabets* – Joseph von Hammer-Purgstall: *Ancient Alphabets and hieroglyphic characters explained; with an account of the Egyption priests, their classes, initiation, and sacrifices, in the Arabic language by Ahmad Bin Abubekr Bin Wahshih [Abū-Bakr Aḥmad Ibn-ᶜAlī Ibn-Waḥšīja] and in English by Joseph Hammer.* London: Bulmer, 1806.

Hill: „Arabic Alchemy“ – Donald R. Hill: „The Literature of Arabic Alchemy“. In: M. J. L. Young [u. a.] (Hg.): *Religion, Learning and Science in the ᶜAbbasid Period.* Cambridge [u. a.]: Cambridge University Press, 1990. 328–41.

Holmyard: „Maslama“ – Eric J. Holmyard: „Maslama al=Majrîṭᶜi and the Rutbatu'l-Ḥakᶜim“. In: *Isis* 6 (1924) 293–305.

Joosse: „'Unmasking the Craft'“ – N. Peter Joosse: „'Unmasking the Craft': ᶜAbd al-Laṭīf al-Baghdādī's Views on Alchemy and Alchemists“. In: Anna A. Akasoy/Wim Raven (Hg.): *Islamic Thought in the Middle Ages: Studies in Text, Transmission and Translation.* Leiden: Brill, 2008. 301–17.

Kraus: *Jābir* – Paul Kraus: *Jābir ibn Ḥayyān. Contribution à l'histoire des idées scientifiques dans l'Islam.* 2 Bde. Kairo: Imprimerie de l'Institut français d'archéologie orientale, 1942 f. (=Mémoires présentés à l'Institut d'Égypte 44 u. 45).

Kunitzsch: „Problematik und Interpretation“ – Paul Kunitzsch: „Zur Problematik und Interpretation der arabischen Übersetzungen antiker Texte“. In: *Oriens* 25/26 (1976) 116–32.

Kunitzsch: „al-Nudjūm“ – Paul Kunitzsch: „al-Nudjūm“. In: *EI²* VIII (1995) 97b–105b.

Lagercrantz: *Papyrus Graecus Holmiensis* – Otto Lagercrantz: *Papyrus Graecus Holmiensis (P. Holm.). Recepte für Silber, Steine und Purpur.* Uppsala: Akad. Bokhandeln in Komm, 1913.

Lane: *Lexicon* – Edward William Lane: *Arabic-English Lexicon.* 8 Bde. New York: Ungar, 1955 f. [Nachdruck der Ausgabe London 1863–93].

Levey: „Medieval Arabic Toxicology“ – Martin Levey: „Medieval Arabic Toxicology, the Book on Poisons of Ibn Wahshiyya and Its Relation to Early Indian and Greek Texts“. In: *Transactions of the American*

Philosophical Society 56, 7 (1966) 1–130.

Lentin: „Middle Arabic" – Jérôme Lentin: „Middle Arabic". In: Kees Versteegh [u. a.] (Hg.): *Encyclopedia of Arabic Language and Linguistics.* 5 Bde. Leiden [u. a.]: Brill, 2006–09. III 215–24.

Lindsay: *Origins* – Jack Lindsay: *Origins of Alchemy in Graeco-Roman Egypt.* London: Muller, 1970.

Lippmann: *Entstehung* – Edmund O. von Lippmann: *Entstehung und Ausbreitung der Alchemie. Mit einem Anhange: Zur älteren Geschichte der Metalle. Ein Beitrag zur Kulturgeschichte.* 3 Bde. Berlin: Julius Springer, 1919–54.

Lory: *Alchimie et mystique* – Pierre Lory: *Alchimie et mystique en terre d'Islam.* Lagrasse: Verdier, 1989.

Lory: „Kimiā" – Pierre Lory: „Kimiā". In: *EIr* 2008.

MacCoull: „Three Cultures under Arab Rule" – Leslie S. B. MacCoull: „Three Cultures under Arab Rule: the Fate of Coptic". In: *Bulletin de la Société d'Archéologie Copte* 27 (1985) 61–70.

Martelli: *Pseudo-Democrito* – Matteo Martelli: *Pseudo-Democrito, Scritti alchemici, con il commentario di Sinesio. Edizione critica del testo greco, traduzione e commento.* Paris [u. a.]: S.É.H.A. [u. a.], 2011 (=Textes et travaux de Chrysopoeia 12).

Miller: *Die Traktate des Corpus Hermeticum* – Maria Magdalena: *Die Traktate des Corpus Hermeticum.* Schaffhausen: Novalis Media, 2004.

Mottahedeh: „Shu'ûbîyah Controversy" – Roy Mottahedeh: „The Shu'ûbîyah Controversy and the Social History of Early Islamic Iran". In: *International Journal of Middle Eastern Studies* 7.2 (1976) 161–82.

Müller: *Zwei arabische Dialoge* – Juliane Müller: *Zwei arabische Dialoge zur Alchemie. Die Unterredung des Aristoteles mit dem Inder Yūhīn und das Lehrgespräch der Alchemisten Qaydarūs und Mitāwus mit dem König Marqūnus. Edition, Übersetzung, Kommentar.* Berlin: Klaus Schwarz, 2012 (= Islamkundliche Untersuchungen 310).

Neuwirth: *Frühmekkanische Suren* – Angelika Neuwirth: *Der Koran. Handkommentar mit Übersetzung von Angelika Neuwirth. Band 1: Frühmekkanische Suren,* Berlin: Verlag der Weltreligionen, 2011.

Nöldeke: „Nabatäische Landwirthschaft" – Theodor Nöldeke: „Noch

Einiges über die „nabatäische Landwirthschaft“. In: *ZDMG* 29 (1876) 445–55.

Pertsch: *Katalog* – Wilhelm Pertsch: *Die orientalischen Handschriften der Herzoglichen Bibliothek zu Gotha. Theil 3: Die Arabischen Handschriften.* 5 Bde. Gotha: Perthes, 1878–92.

Pingree/Haq: „Ṭabīʿa“ – David Pingree/Syed Nomanul Haq: „Ṭabīʿa“. In: *EI²* X (2000) 25a–8b.

Plessner: „Hermes“ – Martin Plessner: „Hermes Trismegistus and Arab Science“. In: *Studia Islamica* II (1954) 45–59.

Pormann/Savage-Smith: *Medieval Islamic Medicine* – Peter E. Pormann/Emilie Savage-Smith: *Medieval Islamic Medicine.* Edinburgh: Edinburgh University Press, 2007.

Provençal: *Arabic Plant Names* – Philippe Provençal: *The Arabic Plant Names of Peter Forsskål's flora Aegyptiaco-Arabica.* Copenhagen: Det Kongelige Danske Videnskabernes Selskab, 2010.

Ramzī: *Qāmūs* – Muḥammad Ramzī: *al-Qāmūs al-ǧuġrāfī li-l-bilād al-miṣrīya min ʿahd al-qudamāʾ al-miṣrīyīn ilā sanat 1945.* 5 Bde. + Index. Kairo: Maṭbaʿat Dār al-Kutub al-Miṣrīya, 1953–68.

Richter: „What Kind of Alchemy“ – Tonio Sebastian Richter: „What Kind of Alchemy is Attested by Tenth-Century Coptic Manuscripts?“. In: *Ambix* 56 (2009) 23–35.

Richter: „Greek, Coptic, and the Language of the Hijra“ – Tonio Sebastian Richter: „Greek, Coptic, and the Language of the Hijra. Rise and Decline of the Coptic Language in Late Antique and Medieval Egypt“. In: Hannah Cotton [u. a.] (Hg.): *From Hellenism to Islam: Cultural and Linguistic Change in the Roman Near East.* Cambridge [u. a.]: Cambridge University Press, 2009. 398–443.

Rippin: „Sidrat al- Muntahā“ – Andrew Rippin: „Sidrat al- Muntahā“. In: *EI²* IX (1997) 550a–b.

Rubenson: „Translating the Tradition“ – Samuel Rubenson: „Translating the Tradition: Some Remarks on the Arabization of the Patristic Heritage in Egypt“. In: *Medieval Encounters* 2 (1996) 4–14.

Rudolph: „Kalām im antiken Gewand“ – Ulrich Rudolph: „Kalām im antiken Gewand. Das theologische Konzept des Kitāb Sirr al-Ḫalīqa“.

In: Alexander Fodor (Hg.): *Proceedings of the 14th Congress of the Union Européenne des Arabisants et Islamisants (Budapest 1988).* Budapest: Eötvös Loránd University, Chair for Arabic Studies, 1995 (=The Arabist: Budapest Studies in Arabic 15–6). 123–36.

Rudolph: „La connaissance des Présocratiques" – Ulrich Rudolph: „La connaissance des Présocratiques à l'aube de la philosophie et de l'alchimie islamiques". In: Cristina Viano (Hg.): *L'alchimie et ses racines philosophiques. La tradition grecque et la tradition arabe.* Paris: Librairie philosophique J. Vrin, 2005. 155–70. (=Histoire des doctrines de l'Antiquité classique 32).

Ruska: „Mineralogie" – Julius Ruska: „Die Mineralogie in der arabischen Literatur". In: *Isis* 1 (1919) 341–50.

Ruska: *Tabula Smaragdina* – Julius Ruska: *Tabula Smaragdina. Ein Beitrag zur Geschichte der hermetischen Literatur.* Heidelberg: Carl Winter's Universitätsbuchhandlung, 1926 (=Arbeiten aus dem Institut für Geschichte der Naturwissenschaften 14).

Ruska: „Chemie in ᶜIrāq und Persien" – Julius Ruska: „Chemie in ᶜIrāq und Persien im zehnten Jahrhundert n. Chr". In: *Der Islam* 17 (1928) 280–93.

Ruska: *Turba Philosophorum* – Julius Ruska: *Turba Philosophorum. Ein Beitrag zur Geschichte der Alchemie.* Berlin: Julius Springer, 1931 (=Quellen und Studien zur Geschichte der Naturwissenschaften und der Medizin 1).

Ruska: „Quelques problèmes" – Julius Ruska: „Quelques problèmes de littérature alchimiste". In: *Annales Guébhard-Séverine* 7 (1931) 156–73.

Ruska: „Studien" – Julius Ruska: „Studien zu Muḥammad Ibn Umail al-Tamīmī's Kitāb al-Mā' al-Waraqī wa'l-Arḍ an-Najmīyah". In: *Isis* 24 (1936) 310–42.

Ruska: *Arabische Alchemisten* – Julius Ruska: *Arabische Alchemisten.* 2 Bde. Wiesbaden: Sändig, 1967 [Nachdruck der Ausgabe von 1924].

Sarton: *Introduction* – George Sarton: *Introduction to the History of Science. Vol. 1: From Homer to Omar Khayyam.* Washington: Carnegie Institution, 1953 [Nachdruck der Ausgabe von 1927].

Schoeler: „Schreiben und Veröffentlichen" – Gregor Schoeler: „Schreiben und Veröffentlichen. Zur Verwendung und Funktion der Schrift in den ersten islamischen Jahrhunderten". In: *Der Islam* 69,1 (1992) 1–43.

Schütt: *Geschichte der Alchemie* – Hans-Werner Schütt: *Auf der Suche nach dem Stein der Weisen. Die Geschichte der Alchemie*. München: C. H. Beck, 2000.

Sellars: *Stoicism* – John Sellars: *Stoicism*. Berkeley [u. a.]: University of California Press, 2006 (=Ancient Philosophies 1).

Sezgin: *GAS* – Fuat Sezgin: *Geschichte des arabischen Schrifttums*. 15 Bde. Leiden [u. a.]: Brill [u. a.], 1967–2010.

Sidarus: *Ibn ar-Rāhibs Leben und Werk* – Adel Y. Sidarus: *Ibn ar-Rāhibs Leben und Werk. Ein koptisch-arabischer Enzyklopädist des 7./13. Jahrhunderts*. Freiburg im Breisgau: Klaus Schwarz, 1975 Islamkundliche Untersuchungen 36.

Siggel: *Decknamen* – Alfred Siggel: *Decknamen in der arabischen alchemistischen Literatur*. Berlin: Akademie Verlag, 1951 (=Deutsche Akademie der Wissenschaften zu Berlin, Institut f. Orientforschung 5).

Simaika/ᶜAbd al-Masīḥ: *Catalogue* – Marcus H. Simaika/Yassa ᶜAbd al-Masīḥ: *Catalogue of the Coptic and Arabic manuscripts in the Coptic museum, the Patriarchate, the principal churches of Cairo and Alexandria and the monasteries of Egypt*. 2 Bde. Kairo: Government Press, 1939–42.

Speyer: *Bücherfunde* – Wolfgang Speyer: *Bücherfunde in der Glaubenswerdung der Antike. Mit einem Ausblick auf Mittelalter und Neuzeit*. Göttingen: Vandenhoeck & Ruprecht, 1970 (=Hypomnemata. Untersuchungen zur Antike und ihrem Nachleben 24).

Stapleton / Turāb ᶜAlī: „Three Arabic Treatises" – Henry Ernest Stapleton / Muḥammad Turāb ᶜAlī: „Three Arabic Treatises on Alchemy by Muhammad Bin Umail". In: *Memoirs of the Asiatic Society of Bengal (Calcutta)* 12 (1933) 1–213.

Stapleton: „Antiquity of Alchemy" – Henry Ernest Stapleton: „The Antiquity of Alchemy". In: *Ambix* 5 (1953) 1–43.

Taylor: „Origins of Greek Alchemy" – Frank Sherwood Taylor: „The Origins of Greek Alchemy". In: *Ambix* 1 (1937) 30–47.

Timm: *Das christlich-koptische Ägypten* – Stefan Timm: *Das christlich-*

koptische Ägypten in arabischer Zeit. Eine Sammlung christlicher Stätten in Ägypten, unter Ausschluß von Alexandria, Kairo, des Apa-Mena-Klosters (Dêr Abû-Mina), der Skêtis (Wâdi-n-Natrûn) und der Sinai-Region. 6 Bde. Wiesbaden 1984–92 (=BTAVO.B 41,1–6).

Toral-Niehoff: *Kitāb Ǧiranīs* – Isabel Toral-Niehoff: *Kitāb Ǧiranīs. Die arabische Übersetzung der ersten Kyranis des Hermes Trismegistos und die griechischen Parallelen. Herausgegeben, übersetzt und kommentiert.* München: Herbert Utz, 2004 (=Inaugural-Dissertation zur Erlangung des Doktorgrades der Fakultät für Kulturwissenschaften der Eberhard-Karls-Universität Tübingen).

Ullmann: *Medizin* – Manfred Ullmann: *Die Medizin im Islam.* Leiden [u. a.]: Brill, 1970 (=Handbuch der Orientalistik: Abt. 1, Der Nahe und der Mittlere Osten, Erg.-Bd. 1, Abschnitt 1).

Ullmann: *Natur- und Geheimwissenschaften* – Manfred Ullmann: *Die Natur- und Geheimwissenschaften im Islam.* Leiden [u. a.]: Brill, 1972 (=Handbuch der Orientalistik: Abt. 1, Der Nahe und der Mittlere Osten; Erg.-Bd. 6, Abschnitt 2).

Ullmann: „Ḫālid b. Yazīd“ – Manfred Ullmann: „Ḫālid b. Yazīd und die Alchemie: Eine Legende“. In: *Der Islam* 55 (1978) 181–218.

Ullmann: „al-Kīmiyāʾ“ – Manfred Ullmann: „al-Kīmiyāʾ“. In *EI²* V (1986) 110a–15a.

Van Bladel: *The Arabic Hermes* – Kevin van Bladel: *The Arabic Hermes. From Pagan Sage to Prophet of Science.* Oxford [u. a.]: Oxford University Press, 2009.

Van Bladel: „Hermes and Hermetica“ – Kevin van Bladel: „Hermes and Hermetica“. In: *EI³* Fasc. III (2009) 182a–186b.

Vereno: *Studien* – Ingolf Vereno: *Studien zum ältesten alchemistischen Schrifttum auf der Grundlage zweier erstmals edierter arabischer Hermetica.* Berlin: Klaus Schwarz, 1992 (=Islamkundliche Untersuchungen 155).

Weisser: „Offenbarungsmotive“ – Ursula Weisser: „Hellenistische Offenbarungsmotive und das Buch Geheimnis der Schöpfung“. In: *Journal for the History of Arabic Science* 2.1 (1978) 101–25.

Weisser: *Das „Buch über das Geheimnis der Schöpfung“* – Ursula Weisser:

Das „Buch über das Geheimnis der Schöpfung“ von Pseudo-Apollonios von Tyana. Berlin [u. a.]: De Gruyter, 1980.

Witkam: *De Egyptische arts Ibn al-Akfānī* = Januarius Justus Witkam: *De Egyptische arts Ibn al-Akfānī (gest. 749/1348) en zijn indeling van de wetenschappen : editie van het Kitāb Iršād al-qāṣid ilā asnā al-maqāṣid, met een inleiding over het leven en werk van de auteur,* Leiden: Ter Lugt Pers, 1989.

Index

10 000 Jahre 124
30 000 Jahre 124
70 000 Jahre 40, 41, 110, 111, 114
30 000 000 Mal 124

A

Aaron 35
Abschrift 18, 27, 52
Abraham 35, 103
Adam 35, 101, 103
Agathodaimon 14
Ägypten 12, 13, 15, 17, 18, 25, 27, 28, 32, 33, 35, 36, 39, 49, 50, 52, 99, 104, 106, 108
..., islamisches 13, 16, 17
..., Mittel- 18
..., mittelalterliches 17, 39
..., nachsintflutliches 36
..., Ober- 13, 17, 52
..., pharaonisches 12, 17, 37, 39
..., vorislamisches 13, 36
Ägyptische Tempelwerkstätten 13
Aḫmīm 53
Aktuell (*bi-l-fiᶜl*) 131, 132
Akzidentien (*aᶜrāḍ*) 40, 46, 109, 110, 111, 130, 131
Alchemie 9, 12, 13, 14, 15, 22, 24, 25, 26, 28, 29, 30, 31, 32, 33, 34, 35, 39, 42, 45, 46, 47, 49, 50, 97, 104, 105, 107, 126, 128
..., arabische 12, 15, 16, 18, 19, 23, 28, 30, 37, 40, 49
..., Bezeichnung der 13, 97
..., Entstehung der 13, 14, 35, 102–106
..., esoterisch-allegorische 9, 49
..., griechische 13, 18, 28, 31, 35, 49
..., Leugnung der 33 f., 102
..., mystischer Aspekt der 14, 31
..., göttliche Offenbarung der 35
..., praktisch-naturwissenschaftliche 49
..., syrische 15
..., Wahrhaftigkeit der 46, 128
Alexandria 15
Alkmaion von Kroton (spätes 6. bis frühes 5. Jh. v. Chr.) 40
Allegorische Unterweisung 12, 13, 31, 41, 45, 48, 49
Alt-Kairo (*Miṣr al-ᶜatīqa*) 36
Ambros, Arne A. 20
ᶜAmr b. al-ᶜĀṣ (gest. ca. 42/663) 36
Analogieschluss (*al-qiyās*) 102
Anbetung
..., der Götzen 129
..., des Kreuzes 129
..., der Sterne 32, 33
Anhänger einer Buchreligion (*ahl al-kitāb*) 25, 33
Apokryphe Schriften u. Evangelien 14
Apollonios von Tyana, siehe Balīnās
Apparaturen 14
Āras 34
Archeget 12
Aristoteles 14, 23, 37, 40
Arithmetik 33
Artifizielle Pflanzenerzeugung 20
Asche 40, 111
Astralgottheiten 25
Astrologie (*ᶜilm aḥkām an-nuǧūm*) 12, 14, 34, 41, 45, 103, 126

Astronomie 15, 33
Asyūṭ 52
Aufindungslegende, s. Fundlegende
Aufsagen von Zauberformeln (*ar-ruqan*) 45, 126
Auge(n) 45, 120, 122
..., -heilmittel 31, 44
..., -schminke 44
August (1772–1822), Herzog von Sachsen-Gotha-Altenburg 52
Ausgewogenheit (*al-i'tidāl*) 47, 112, 133, 134, 135, 137

B
Babylonier 21, 22, 23
Balīnās (=Apollonios von Tyana) 25, 30, 34, 37
Baum 20, 40, 110, 111, 112
Bekenner der Einheit (*al-muwaḥid-dūn*) 38, 46, 128
Berufung auf vorausgegangene Autoritäten 20, 22, 23, 27, 28, 30, 34, 38
Bewegung 40, 41, 109, 110, 111, 112, 113, 114
Bladel, Kevin van 34
Blei (*raṣāṣ*) 43, 44, 118, 121
Blut 42, 99, 119, 124
Brauch (*sunna*) 102, 125
Brockelmann, Carl (1868–1956) 26
Bücher 22, 23, 28, 29, 30, 35, 37, 95, 97, 98, 99, 100, 103, 104, 106, 127
Buch vom Zizyphusbaum am äußersten Ende, siehe *Kitāb Sidrat al-muntahā*
Būṣīr 36
Byzantinische Gelehrte 14

C
Carusi, Paola 39, 49, 50
Chaldäa 21, 22, 38
Chemie 9, 25, 26
Chemische Verfahren 13
Christen 25, 54, 99, 100, 129
Christianisierung Ägyptens 17, 33
Christliche Interpretation alchemistischer Lehre 18 f.
Chwolson, Daniel A. (1819–1911) 25
Cook, Michael 16

D
Dampf 41, 113
Datierung 14, 25, 27
Deckname 32
Dekomposition (*at-ta'fīn*) 43, 99, 120
Demokrit 14
..., Pseudo- 30
Dialog 12, 23, 27, 28, 34, 46, 48, 137
Dialogpartner 23, 31, 35, 38
Dualismus 32
Dunkle Rede (*ta'miya*) 29, 96, 98, 102, 105, 125, 131

E
Eierschalen 133
Einheitsbekenntnis (*at-tauḥīd*) 33, 99, 129
Eisen (*ḥadīd*) 43, 44, 118, 121
Eklektizismus 19
El-Daly, Okasha 18
Elemente, s. vier Elemente
Elixier (*al-iksīr*) 27, 29, 31, 42, 43, 44, 47, 48, 99, 118–121, 123, 124, 132, 134, 135, 136, 137
Embryo 122

Enderwitz, Susanne 30
Engel 48
Enoch 35
Entstehung der Welt, s. Kosmogonie
Erde 41, 101, 113, 118, 120, 122, 133, 134
Erdöl (*nafṭ*) 121
Ernst II. (1745–1804), Herzog von Sachsen-Gotha-Altenburg 52
Erschaffung des Menschen, siehe Mensch
Erstes Buch der Kyraniden, siehe *Kitāb Ǧiranīs*
Esoterisch-allegorische Ausrichtung 31, 48 f.

F

Fahd, Taufīq 21, 26
Färbung von Metallen, s. Metall(e)
Fayyūm 17
Feines und Grobes (*al-laṭīf wa-l-kaṯīf*) 32, 99, 116, 131, 136
Feuchtigkeit 27, 40, 41, 109, 110, 111, 113, 114, 122, 132, 134
Feuer 41, 99, 101, 113, 114, 120, 121, 134, 136
Fiktiver Gesprächspartner 23
Fixsterne 40, 112, 115
Forster, Regula 34, 37, 47
Fowden, Garth 34
„Fremder" (*al-ġarīb*) 32, 98, 99
Fundlegende 12, 27, 28, 36–39, 104, 106–108

G, Ǧ

Ǧābir b. Ḥaiyān 35, 41, 42
Ǧāḥiẓ, al- (gest. 255/868–69) 30
Galle 42, 119
Ǧaudar und seine Brüder 32
Gebete 46, 100, 127
Geheimalphabete 20, 21, 24
Geheimhaltungsgebot 28, 29, 39, 47, 96, 97, 101, 102, 106, 108, 124 f., 136, 137
Geheimwissenschaft(en) 12, 19, 20, 22, 28, 29, 34, 38, 45, 52, 98, 104, 107, 126, 127
Gehirn des Menschen 42, 48, 116
Geist, der (*ar-rūḥ*) 33, 99, 124
…, -er, die (*al-arwāḥ*) 101
…, lebendiger 47, 134, 135
Genereller Nutzen (*maṣlaḥa ᶜāmma*) 29
Generelles Verderben (*al-fasād al-ᶜāmm*) 28, 96 f.
Genesis 33, 100
Geometrie 33
Geoponica 21
Geschichten (*ḫurāfāt*) 31, 98
Geschlechtliche Fortpflanzung 116
Gesetz der Anhänger der Kunst (*nāmūs aṣḥāb aṣ-ṣanᶜa*) 46, 130
Gesprächspartner, s. Dialogpartner
Ghallab, Mohammed 18
Gift 136
Giftbuch 20, 21
Ǧildakī, al- 34
Ǧirǧa 53
Gizeh 17
Gleichnisse 31, 98, 104
Gnosis 14, 29
Gold (*ḏahab*) 13, 27, 31, 33, 34, 43, 44, 46, 47, 48, 104, 107, 108, 118, 121, 123, 125, 132

..., Entstehung (*at-takwīn*) von 44, 46, 132
..., flüssiges 36, 107, 108
..., -gießen 13
..., -herstellung 12, 13, 41, 43, 44, 46, 48, 49, 120–123, 125
..., -kochung 47
..., -legierung 13
..., reines (*al-ibrīz*) 137
..., Verfahren (*at-tadbīr*) zur -herstellung 48, 49, 97, 99, 120–123, 133, 134, 135, 136, 137
Gondēšāpūr 16
Gotha 25, 52, 53, 55
Gott 20, 28, 35, 36, 38, 39, 40, 41, 42, 43, 44, 46, 47, 48, 95, 100, 101, 103, 105, 106, 107, 108, 109, 110, 113, 114, 115, 116, 117, 118, 119, 120, 123, 124, 125, 126, 127, 128, 129, 136, 137, 138, 139
..., -heiten 22, 25, 33, 34, 99
..., Mond- 32
Griechisch 9, 13, 14, 15, 16, 17, 23, 28, 30, 34, 37, 39, 106

H, Ḥ, Ḫ

Haare 42, 119
Ḥāǧǧī Ḫalīfa (1017–67/1609–57) 24, 25, 28, 42
Hallum, Bink 14
Hämeen-Anttila, Jaakko 21, 22, 27
Hammer-Purgstall, Joseph von (1774–1856) 21, 24, 25
Ḥarrān 15, 25, 32
Haut 136
ḫawāṣṣ, s. spezifische Eigenschaften
Heiden 17, 33
Heilmittel (*ʿaqāqīr*) 42, 44, 45, 118, 122, 126
Hektisches Fieber (*ḥummā ad-diqq*) 122
Herbst 101
Hermes (Trismegistos) 12, 14, 31, 34, 35, 36, 37, 38, 39, 48, 103, 107
Hermetismus, Hermetik 13, 14, 23, 26, 34, 36, 37, 49
Herzogliche Bibliothek zu Gotha 25
Hieroglyphen 17, 25, 39, 107
Hill, Donald R. 49
Himmelsreise (*miʿrāǧ*) 20
Himmelssphäre (*al-falak*) 41, 112, 114, 115
Himyaritisch 107
Hindus 32, 98
Hitze 40, 41, 109, 110, 111, 112, 113, 114, 122, 134
..., Bewegungs- 110, 113
..., im Innern der Erde 47, 132
Hohe, geistige und erhabene Wesen (*al-ašḫāṣ al-ʿāliya ar-rūḥānīya ar-rafīʿa*) 48, 137

I

Ibn al-Akfānī (gest. 749/1348) 24, 25, 42
Ibn an-Nadīm (gest. 385/995) 15, 22, 24, 31, 35
Ibn Umail 31, 35, 36
Ibn Waḥšīya (gest. 318/930–1) 12, 13, 20, 21, 22, 23, 24, 25, 26, 27, 28, 30, 31, 32, 34, 35, 36, 38, 39, 45, 46, 47, 48, 53, 95, 126, 127, 137, 138
Ibn-Waḥšīya-Schriftenkreis 22
Ich-Erzähler 27, 28
Idrīs (= Hermes) 35, 103

Idrīsī, Abū Ǧa^cfar al- (gest. 649/1251) 17
Iḫwān aṣ-ṣafā' 47, 48
iksīr, siehe Elixier
Inder 23, 129
Indien 32, 35, 40, 98, 104
Initiation 35
Intellekt (gr. νοῦς) 41
Irak 21, 23
Islamische Theologie 39
Islamischer Westen (*al-ġarb*) 28, 31, 33, 98, 106

J
Jahreszeiten 101
Jemen 35, 52
Juden 25, 29, 54, 100
Jupiter 40, 112

K
Kairo 36, 52, 53
Kälte 27, 40, 41, 100, 109, 110, 111, 112, 113, 120, 122, 134
Kanz al-ḥikma 23
Kasdānī, al- 21
Kašf aẓ-ẓunūn ᶜan asāmī l-kutub wa-l-funūn 24, 42
kawākib al-mutaḥaiyira, al- („die sich bewegenden Himmelskörper") 40, 112
kawākib as-saiyāra, al- 40
Kitāb Asrār al-qamar 20 f.
Kitāb ad-Durr an-naẓīm fī aḥwāl ᶜulūm at-taᶜlīm 24
Kitāb Ǧiranīs 37
Kitāb al-Ḥāwī li-l-ḥikma kullihā, al- 107
Kitāb al-Hayākil wa-t-tamāṯīl 23
Kitāb Iršād al-qāṣid ilā asnā al-maqāṣid 25
Kitāb al-Mā' al-waraqī wa-l-arḍ an-naǧmīya 36
Kitāb aš-Šams al-akbar 34
Kitāb Šauq al-mustahām fī maᶜrifat rumūz al-aqlām 20, 21, 24
Kitāb Sidrat al-muntahā („Das Buch vom Zizyphusbaum am äußersten Ende") 9, 12, 18, 19, 20, 22, 24, 25, 26, 27, 30, 48, 49, 50, 53, 55, 95, 138
Kitāb Sirr al-ḫalīqa 25, 30, 37, 39, 40
Kitāb as-Sumūm 20
Kitāb Ṭabqānā 23
Kitāb Uṣūl al-ḥikma 23
Kleopatra 34
Kloster Qalmūn 17
Knochen 42, 119, 136
Kochung, siehe Gold (*ḏahab*)
Kopisten 18, 52, 53, 54
Koptisch 15, 16, 17, 18, 28, 33, 39, 52, 53, 107, 108
Kopten 16–18, 33, 36, 39, 46, 52, 104, 106, 107, 130
Körper; Somata (*al-aǧsām, al-aǧsād*) 31, 33, 42, 46, 99, 101, 111, 112, 113, 115, 114, 118, 120, 122, 130, 131, 132, 133, 134, 135, 136
Kosmos 40, 41
Kosmogonie 20, 28, 33, 39–41, 48, 49, 100, 126, 129
Kristall 114, 122
Kunst (*ṣanᶜa*) der Goldherstellung 12, 13, 28, 30, 31, 32, 33, 35, 38, 43, 44, 45, 46, 47, 49, 51, 97, 98, 99, 100,

101, 102, 104, 105, 107, 115, 121, 123, 126, 127, 128, 130, 136
Kupfer (*nuḥās*) 43, 44, 118, 121

L

Lagercrantz, Otto 13
Lateinischer Westen 9
Läuterung der Seele 29
Leber 122
Lehre der „Naturen“ (*ṭabāʾiʿ*) 40, 115, 131
Levey, Martin 21
Lory, Pierre 29
Luft 41, 101, 113, 114, 120, 122, 134

M

Maghreb, siehe Islamischer Westen (*al-ġarb*)
Magie 33, 34, 45
…, schwarze (*siḥr*) 45, 107, 126
Maġribī al-Qamarī, al- 12, 13, 25, 28, 31, 32, 33, 34, 35, 36, 37, 38, 39, 45, 46, 47, 48, 53, 100, 101, 102, 103, 105, 107, 108, 126, 127, 128, 129, 130, 131, 137
Maġrīṭī, Maslama al- 22
Maʾmūn, al- (reg. 198–218/813–33) 25
Manfalūṭ 18, 52
Manfalūṭī, Hibat Allāh b. Ġubair b. Abī l-Faraǧ b. Ġabriyāl b. Faḍl Allāh al- 53
Manfalūṭī, Yūḥannā b. Ġubair Abū l-Faraǧ al- (fl. 10./16. Jh.) 52, 55, 95, 138
Manichäer 32, 98
Maqrīzī, Taqī al-Dīn Aḥmad al- (gest. 845/1442) 33
Maria 14
Mark 42
Marqūnus 23
Mars 40, 112
Martelli, Matteo 15
Maṭāliʿ al-anwār fī l-ḥikma 23
Materietheorie 14
Mathematik 105
Medizin 15, 31, 33, 42, 44, 45, 97, 104, 106, 117, 122 f., 126
Meister-Schüler-Verhältnis 34, 47
Memphis 12, 27, 28, 36, 39, 48, 106, 129, 134
Mensch 28, 33, 41, 42, 43, 44, 46, 47, 48, 96, 97, 102, 103, 104, 115, 116, 117, 118, 119, 120, 121, 122, 123, 124, 125, 126, 129, 130, 131, 132, 133, 134, 135, 137, 138
…, Erschaffung des -en 41 f., 43, 48, 114–116, 131
Menstruationsblutungen 99
Merkur 40, 112
Metall(e) 28, 31, 42, 43, 47, 48, 115, 116, 120, 133, 135
…, edle 13, 44
…, Färbung von -n 28
…, Heilung der 42
…, flüssiges 136, 137
…, schmelzbare 43, 118, 120, 121, 122, 137
…, Umwandlung/Transmutation der 44, 47, 48
…, unedle 31, 43, 44, 48
…, -verwandlung 29
Mikrokosmos 41, 46, 131, 132
Miller, Maria Magdalena 34
Mine 132, 133

Mineralien 41, 42, 114, 131, 135
Mineralpulver 44
Minyat Banī Ḫaṣīb 52, 138
Mirabilia (*ᶜağāʾib*) 36
Mischung der Welt (*mizāğ al-ᶜālam*) 32, 98
Mītāwūs 23
Mittelarabisch 54
Mönche 16, 17, 18
Mond 32, 40, 112
Mondbewohner, der (al-Qamarī) 32
Mondgott, siehe Gott
Moses 14, 35
Muḥammad 20
Müller, Juliane 23
Mündliche Unterweisung 34, 35, 46, 118, 123, 129
Muṣḥaf al-ḥayāt 34
Mythische Erzählungen 31

N

Nabatäer (*an-nabaṭ*) 21, 35, 95, 103
… Großsyriens (*nabaṭ aš-Šām*) 21
… des Irak (*nabaṭ al-ᶜIrāq*) 21
Nabatäisch 21, 22, 24, 25
Nabatäische Landwirtschaft (*al-Filāḥa an-nabaṭīya*) 21, 24, 26, 38, 39
Nağādī (?) 114
Nairūz-Fest 101
Nil 108
Nöldeke, Theodor (1836–1930) 22
Nordmesopotamien 15

O

Offenbarungscharakter 28–30, 37
Okkulte Wissenschaften, s. Geheimwissenschaft(en)
Öl 133
Olympiodoros 30
Onyx 114
Ort der Verdammnis (*dār al-ᶜiqāb*) 101
Ostanes 14

P

Papyrus Holmiensis 13
Papyrus Leidensis X 13
Paradies 103
…, (*al-ᶜāqiba*) 101
Paraphrasierungen 16
Perser 21, 35, 98, 104
Persien 16
Pertsch, Wilhelm (1832–99) 25, 26, 52
Pferdemist 43
Pflanzen 20, 41, 42, 45, 48, 114, 115, 116, 117, 118, 122, 126, 131, 135
Pharmakologie 31
Philosophen Griechenlands 35, 104
Philosophie 9, 19, 34, 52
…, griechische Natur- 14
…, Natur- und Religions- 19, 25 f.
…, neuplatonische 21, 41
Planeten 40, 41, 44, 112, 113, 114, 115
Planetare Strahlungen 41, 113
Pneumata 136
Potentiell (*bi-l-quwwa*) 131, 132
Priester Ägyptens 104
Primärqualitäten 40, 41, 111, 113 f., 134
Propädeutische Grundausbildung 45
Propheten 128
Prophezeiung, siehe Divination

Pseudepigraphie 14, 16, 23, 26, 27, 32, 49
Pseudo-Demokrit, siehe Demokrit
Putrefaktion, siehe Dekomposition
Pyramiden 17, 36

Q

Qaydarūs 23
Qibṭīya al-ūlā, al- 17
*Qiṣaṣ al-anbiyā*ʾ 36
Quecksilber (*zaibaq*) 27, 43, 44, 47, 118, 121, 132, 133
Qurʾān 20, 25, 35, 36, 100

R

Rahmenhandlung 27
Rätsel (*alġāz*) 29
Rāzī, Abū Bakr Muḥammad b. Zakarīyāʾ ar- (gest. 313/925 oder 323/935) 42, 49
Religion(en) 19, 101
..., der alten Ägypter 19, 46, 130
..., und ihre Gesetze 31, 97, 98
Religiöse Doktrinen und Riten 32, 33
Rezepte 13, 28, 35, 49
Rezeption der griechisch-hellenistischen Alchemie 13
Richter, Tonio Sebastian 18
Risālat Bayān tafrīq al-adyān wa-tafarruᶜ al-ᶜibādāt wa-d-diyānāt wa-l-iᶜtiqādāt 32
Risāla al-falakīya al-kubrā, al- 38
Risālat al-ḥakīm Qaydarūs 37
Risāla al-maᶜrūfa bi-l-falakīya al-kubrā, ar- 37
Risālat Qalūbaṭra malikat Samannūd 34
Risālat as-Sirr 38
Rubin 114
Ruhe 109, 110
Rūmānus 104
Ruska, Julius (1867–1949) 15, 16, 32, 49
Rutbat al-ḥakīm 45

S, Š

Sabier (*Ṣābiʾūn*) 25, 32, 33, 100
Salomon 14
Salz (*milḥ*) 121
Samstag 100
Sarton, George (1884–1956) 26
Sassanidische Schulen 16
Satan 101
Saturn 40, 100, 112
Scheich 12, 20, 28, 32, 36, 39, 46, 47, 95, 106, 107, 108, 126, 127, 128, 130, 137, 138
Schlachtung von Kühen 101
Schwarz 100
Schwarzblei (*usrub*) 43, 118, 121
Schwarze Magie (*as-siḥr*), s. Magie
Schwärzung 100
Schwefel (*kibrīt*) 27, 46, 47, 121, 132, 133
Schwefel-Quecksilber-Theorie 27, 46 f., 132
Seele, die (*an-nafs*) 28, 29, 33, 40, 41, 42, 44, 46, 47, 48, 97, 99, 109, 110, 111, 112, 113, 114, 115, 116, 123, 125, 130, 131, 133, 134, 135, 136, 137
Seetzen, Ulrich Jasper (1767–1811) 52
Set (Sohn von Adam und Eva) 103

Sezgin, Fuat 15, 22, 23, 26
sidrat al-muntahā 20, 40, 111
Silber (*fiḍḍa*) 31, 32, 44, 46, 104, 118, 121, 125, 132
…, Entstehung (*takwīn*) von 46, 132
Sirr al-asrār (des Pseudo-Aristoteles) 37
Smaragd 37, 108, 114
Sokrates 14
Somata, siehe Körper
Sonne 40, 101, 112
Sonntag 108
Spezifische Eigenschaften (*ḫawāṣṣ*) 122
Stapleton, Henry Ernest (1878–1962) 15
Steine (*aḥǧār*) 41, 114, 115, 118, 121, 136
Sternkundige Indiens 35, 104
Stillstand 109, 111
Sublunare Welt 41, 112
Substanz (*ǧauhar*) 40, 43, 46, 99, 108, 109, 110, 113, 130, 131, 132
Substanzen 14, 42
…, animalische 42
…, pflanzliche 42
Südirak 21
Sufismus 29
Supralunare Welt 40, 41, 112
Sure 53 „Der Stern" 20
Survivals 17 f.
Šuʿūbīya-Kontroverse 21
Synkretismus 19, 34, 50

T

Tabula Smaragdina 29, 36 f.
Tafel des Hermes (*lauḥ Hirmis*) 12, 31, 36, 37, 38, 39, 48, 108
Talisman(e) 33, 96
…, -kunde (*ʿilm aṭ-ṭilasmāt*) 45, 107, 126
taqallub al-iksīr, siehe Umwandlung des Elixiers
Tausend und eine Nacht 32
Taylor, Frank Sherwood (1897–1956) 14
Teer (*qār*) 121
Teilung, siehe Zerteilung
Textzeuge(n) 27, 55
Theben 13
Theodoros 34
Theoretischer Unterbau 13
Thora 33, 100
Thot 14, 34
Tier(e) 41, 42, 48, 101, 114, 115, 116, 117, 118, 122, 123, 124, 126, 131, 135
…, sprachbegabtes (*al-ḥayawān an-nāṭiq*) 43, 115, 120, 124
Toral-Niehoff, Isabel 39
Transmutation 31, 48
Trennung (*tafrīq*, *iftirāq*) 43, 109, 111, 112
Trockenheit 27, 40, 41, 100, 109, 110, 111, 113, 114, 120, 122, 132, 134
Turba philosophorum 25

U, Ü

Übersetzung(en) 9, 12, 13, 15, 16, 18, 20, 21, 23, 24, 28, 34, 37, 39, 41, 50, 55, 56, 106, 107
Ullmann, Manfred 15, 16, 22, 23, 26, 49

Umayyaden-Prinz Ḫālid b. Yazīd (gest. 85/704) 15, 35
Umwandlung des Elixiers (*taqallub al-iksīr*) 99, 123
Unorthodoxe Theorien 19
Unterweisung, s. mündliche Unterweisung
Urin 42, 99, 100
…, von Kühen 99
Ušmūnain, al- 52, 138

V

Venus 40, 112
Verbrennung der Toten 32, 98, 100
Verehrung der heiligen Schriften 29
Verehrung der vier Elemente 33
Vereno, Ingolf 14, 38, 48
Verfahren (*at-tadbīr*), siehe Gold
Verkaufsstrategie 23, 39
Verstand (*al-ᶜaql*) 28, 41, 42, 43, 44, 45, 46, 48, 96, 97, 102, 104, 109, 110, 111, 113, 114, 115, 116, 117, 118, 119, 120, 121, 122, 123, 124, 125, 126, 129, 130, 135, 137
Vier Elemente 40, 41, 113 f., 115
Visionen 31
Vitriol (*zāǧ*) 121
Vorderasien 21

W

Waage (Tierkreiszeichen) 101
Wachstum 135
Wärme 27, 43, 134
Wasser 41, 101, 113, 120, 122, 133, 134
Weissagung (*kihāna*) 104 f., 126
Weltseele 40, 41
Werden und Vergehen, das (*al-kaun wa-l-fasād*) 45, 117, 126
Werk, das (*al-ᶜamal*) 33, 49, 96, 99, 100, 111, 115, 120–121, 123, 124, 125
Widder (Tierkreiszeichen) 101
Wissenslegitimation 37
Wissensvermittlung 29
Witkam, Januarius J. 24
Wortspiel 31, 40

Y

Yūhīn 23, 40

Z

Zaiyāt, Abū Ṭālib az- 22
Zaubermittel (*nīranǧāt*) 107, 126
Zaubern, das (*al-uḫaḏ*) 126
Zarathustra 14
Zauberer der Babylonier 103
Zauberer des Jemens 35, 104
Zerteilung (*tafṣīl*) 32, 43, 98, 101, 111, 120
Zinn 44
Zizyphusbaum am äußersten Ende, siehe *sidrat al-muntahā*
Zoroastrier 100
Zosimos von Panopolis (fl. ca. 300 n. Chr.) 14, 16, 30, 35

ISLAMKUNDLICHE UNTERSUCHUNGEN

Gülay Tulasoğlu

His Majesty's Consul in Saloniki

Charles Blunt (1800–1864), ein europäischer Konsul
als Agent der Modernisierung in der osmanischen Provinz

IU 325. Berlin 2015. Pb 302 pp., 978-3-87997-448-1

Jasmina Jäckel de Aldana

Feuerfunken im Orient 1914–16

Arabisch-osmanische Offiziere und haschemitische Aristokraten
vor dem Großen Arabischen Aufstand

IU 323. Berlin 2015. Pb 214 pp., 978-3-87997-441-2

Majid Salman Hussain

British Policy and the Nationalist Movement in Egypt, 1914–1924

IU 322. Berlin 2015. Pb 282 pp., 978-3-87997-445-0

Michalis N. Michael, Tassos Anastassiadis, Chantal Verdeil (eds.)

Religious Communities and Modern Statehood

The Ottoman and post-Ottoman World
at the Age of Nationalism and Colonialism

IU 321. Berlin 2015. Pb 320 pp., 978-3-87997-443-6

Ülkü Ağır

Pogrom in Istanbul, 6./7. September 1955

Die Rolle der türkischen Presse in einer kollektiven Plünderungs- und Vernichtungshysterie

IU 319. Berlin 2014. Pb 304 pp., 978-3-87997-439-9

Georg Leube

Die Rezepte der Freiburger alchemistischen Handschrift des ʿAbd al-Ǧabbār al-Hamaḏānī

Edition, Übersetzung und Kommentar

IU 315. Berlin 2013. Pb 330 pp., 978-3-87997-427-6

Juliane Müller

Zwei arabische Dialoge zur Alchemie

Die Unterredung des Aristoteles mit dem Inder Yūhīn
und das Lehrgespräch der Alchemisten Qaydarūs und Mītāwus
mit dem König Marqūnus.
Edition, Übersetzung, Kommentar

IU 310. Berlin 2012. Pb 160 pp., 978-3-87997-414-6

Bei Fragen zur Produktsicherheit wenden Sie sich bitte an:
If you have any questions regarding product safety,
please contact:

Walter de Gruyter GmbH
Genthiner Straße 13
10785 Berlin
productsafety@degruyterbrill.com